Design

プロ並みに使え

写真加工　*Photoshop*

JN026834

永樂雅也、コネクリ、Photoshop Book、内藤孝彦、マルミヤン、遊佐一弥　共著

デザインのネタ帳

エムディエヌコーポレーション

はじめに

　Photoshopは多彩な補正・加工・合成機能を備えた、フォトレタッチのスタンダードツールです。習熟すれば思い通りに写真を仕上げることができ、使い方次第で現実には撮影の難しい幻想的なイメージやインパクトの強いイメージを作り出すこともできます。

　それらのイメージに「作りモノ」を超えたリアリティを与えるには、なによりもディテールの表現が重要です。アイデアが浮かんでも、ただ色を変えたり、フィルタで加工したり、合成したりするだけでは、見た人に違和感を抱かせてしまうことがほとんどです。光の当たり方に矛盾がないか、実物として存在するときにどのような質感になるか――こうしたディテールに気を配ることで、イメージに"説得力をもたせる"ことができます。

　本書では、写真加工の31のテクニックを、ステップ・バイ・ステップ形式で解説しています。そのステップの中には「なぜ、このような細かい工程が必要なのか？」と感じるものもあるかもしれません。それは、この"説得力をもたせる"のに必要なテクニックなのです。ちょっとしたグラデーションをかけたり、ブラシで細かにマスクを調整したりすることで、仕上がりはグッと向上します。

　ここがプロとそうでない人との最大の違いといえるかもしれません。ぜひ本書を読みながら、「どう加工すると映えるか」というアイデアとともに、「ディテールをいかに仕上げるか」の考え方やノウハウも学びとっていただければ幸いです。

MdN編集部

CONTENTS

CHAPTER
1

写真の被写体を目立たせる 11

CONTENTS

CHAPTER
4

さまざまな世界観をつくる ⋯⋯⋯⋯⋯ 109

CHAPTER 5

インパクトのある加工 ⋯⋯⋯⋯⋯⋯ 157

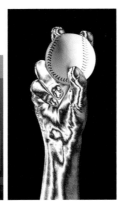

本書の使い方

　この本は、デザインの制作現場で役立つ写真加工のヒントやTipsをまとめたアイデア集です。Adobe Creative CloudのPhotoshopを使ったプロの技術を紹介しています。

　各作例の完成データや制作に必要なデータはダウンロードして、学習の参考としてご使用いただけますので、そちらも合わせてご覧ください。

　本書で紹介している操作や効果をお試しになるときは、Photoshop CCが必要となります。あらかじめご了承ください。

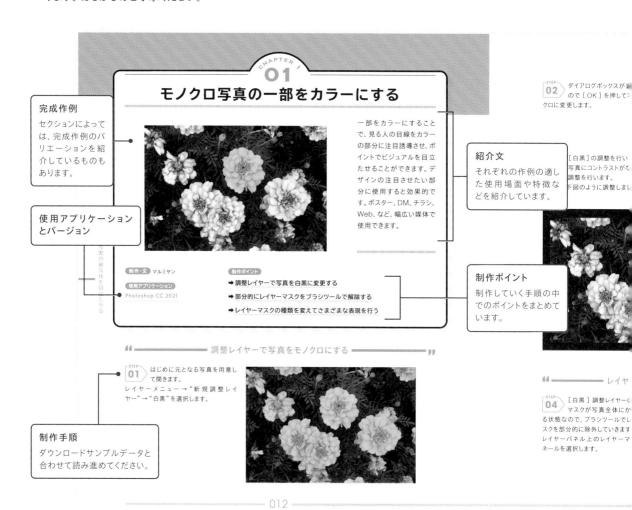

完成作例
セクションによっては、完成作例のバリエーションを紹介しているものもあります。

使用アプリケーションとバージョン

制作手順
ダウンロードサンプルデータと合わせて読み進めてください。

紹介文
それぞれの作例の適した使用場面や特徴などを紹介しています。

制作ポイント
制作していく手順の中でのポイントをまとめています。

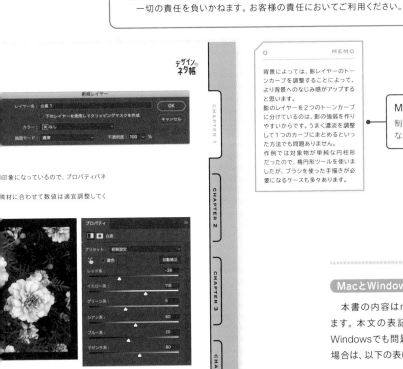

サンプルデータのダウンロードについて

本書に掲載のサンプルデータは、次のURLよりダウンロードできます。

https://books.mdn.co.jp/down/3222303019/

└─── 数字 ───┘

※「1」（数字のイチ）の打ち間違いにご注意ください。
※解凍したフォルダー内には「お読みください.html」が同梱されていますので、ご使用の前に必ずお読みください。
※このサンプルデータは、紙面での解説をお読みいただく際に参照用としてのみ使用することができます。その他
　の用途での使用、配布は一切禁止します。
※このサンプルデータのファイルを実行した結果については、著者、株式会社エムディエヌコーポレーションは、
　一切の責任を負いかねます。お客様の責任においてご利用ください。

MEMO
制作のTipsや注意点
などを掲載しています。

デザインの
ネタ帳

印象になっているので、プロパティパネ

素材に合わせて数値は適宜調整してく

で［白黒］の適用範囲を調整する ────── 〞

── レイヤーマスク
　サムネール

MacとWindowsの違いについて

　本書の内容はmacOSとWindowsの両OSに対応してい
ます。本文の表記はMacでの操作を前提にしていますが、
Windowsでも問題なく操作できます。Windowsをご使用の
場合は、以下の表に従ってキーを読み替えて操作してください。

● 本文ではoption〔Alt〕のように、Windowsのキーは〔　〕内に
　表示しています。

013

写真の被写体を
目立たせる

モノクロ写真の一部をカラーにする

一部をカラーにすることで、見る人の目線をカラーの部分に注目誘導させ、ポイントでビジュアルを目立たせることができます。デザインの注目させたい部分に使用すると効果的です。ポスター、DM、チラシ、Web、など、幅広い媒体で使用できます。

制作・文　マルミヤン

使用アプリケーション
Photoshop CC 2021

制作ポイント

➡ 調整レイヤーで写真を白黒に変更する

➡ 部分的にレイヤーマスクをブラシツールで解除する

➡ レイヤーマスクの種類を変えてさまざまな表現を行う

写真の被写体を目立たせる

" 調整レイヤーで写真をモノクロにする "

STEP
01
はじめに元となる写真を用意して開きます。
レイヤーメニュー→"新規調整レイヤー"→"白黒"を選択します。

STEP
02 ダイアログボックスが表示されるので [OK] を押して写真をモノクロに変更します。

STEP
03 [白黒] の調整を行います。
写真にコントラストがなく、ぼやけた印象になっているので、プロパティパネルで白黒調整を行います。
ここでは下図のように調整しましたが、写真素材に合わせて数値は適宜調整してください。

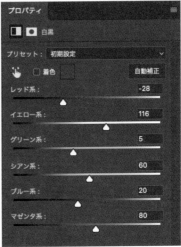

———— レイヤーマスクで [白黒] の適用範囲を調整する ————

STEP
04 [白黒] 調整レイヤーのレイヤーマスクが写真全体にかかっている状態なので、ブラシツールでレイヤーマスクを部分的に除外していきます。
レイヤーパネル上のレイヤーマスクサムネールを選択します。

レイヤーマスク
サムネール

STEP
05 ブラシツールを選択して描画色は黒に設定し、オプションバーでブラシの
設定を行います。
ここでは、ブラシの種類は［ソフト円ブラシ］、［サイズ］は「8px」にしています。

ブラシツールのオプションバー

STEP
06 レイヤーマスクに部分的にブラシで描画していきます。
作業の際は画面を拡大して行うと作業がしやすくなります。

画面を拡大表示する

STEP
07 黒のブラシで描画した部分は、マスクが解除
されるので、［白黒］の適用範囲外となり、元
のカラー画像が表示されます。
写真に合わせてブラシのサイズなども変更しながらブラ
シを加えると、効率的に作業を行えます。はみ出たとこ
ろなどは、白のブラシで描画して調整します。

黒のブラシツールでレ
イヤーマスクを描画し
た部分はカラー画像が
表示される

写真の被写体を目立たせる

ここでは下図のようにレイヤーマスクにブラシを加えていきました。

一輪だけカラーになる

━━ レイヤーマスクに黒ブラシで
描画

レイヤーマスクを使ったさまざまな表現

STEP 08 レイヤーマスクのかけかたで違った表現が可能です。用途に合わせて使い分けるとよいでしょう。

写真の被写体を目立たせる

長方形ツールでマスク

楕円形ツールでマスク

ブラシの形でマスク

---- VARIATION ----

マスクの選択範囲を作成して活用する

レイヤーマスクサムネールの上にカーソルを合わせ、command〔Ctrl〕キー
を押しながらクリックすると、マスクしている箇所の選択範囲が作成されます。
背景の部分だけを加工したり、選択範囲を反転させて、マスクしていない部分
だけを加工することもできます。

command〔Ctrl〕キーを
押しながらクリック

マスクの選択範囲が作成される

選択範囲の背景部分を加工した例

選択範囲を反転させマスク外部分だけを加工した例

02

色の対比を強調する

2色のカラーを強調し、写真のカラーを目立たせます。モノクロ部分を加えることで、よりスタイリッシュな印象に仕上げることができます。

制作・文　永樂雅也

使用アプリケーション
Photoshop CC 2022

制作ポイント

➡ 色域が近い要素が多い写真を選ばない

➡ 選択範囲を細かく調整する

➡ モノクロで着色する

写真の被写体を目立たせる

" ━━━━━━ Camera Rawフィルタで彩度を上げる ━━━━━━ "

STEP
01
元となる写真を開きます。
全体がくすんで見えるので、彩度を上げてコントラストをつけます。

元画像

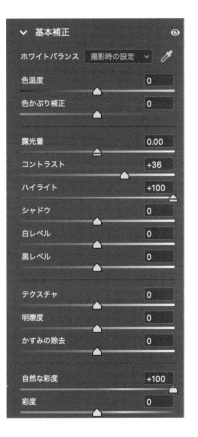

デザインの
ネタ帳

CHAPTER 1

CHAPTER 2

CHAPTER 3

CHAPTER 4

CHAPTER 5

STEP 02

フィルターメニュー→"Camera Rawフィルタ"を選択します。
[基本補正]で[コントラスト]、[ハイライト]、[自然な彩度]
を右図のように設定して、彩度を高め、各色素をはっきりとさせます。

補正後

[色域指定]で赤と青の選択範囲を作成する

STEP 03

次に、選択範囲メニュー→"色域指
定"を選択します。「色域指定」ダイア
ログでスポイトを選択し、写真の赤い部分をク
リックします。
さらに、[+]のスポイトを使用してサンプルに
追加しながら、意図した範囲が選択されるよう
に調整して選択範囲を作成します。

「色域指定」ダイアログで作成した
選択範囲。後ろに見えるビルにも選
択範囲が作成されている

STEP
04 このままでは意図しない部分が余分に選択されてしまっているので、
なげなわツールなどで不要な部分を選択範囲から除外し、赤い部分
だけが選択されるようにきれいに整えます。

余分な選択範囲を除外して赤い部分
だけの選択範囲を作成した

STEP
05 作成した選択範囲をレイヤーマ
スクとして保存します。

新規レイヤーを作成し、レイヤーパネル下
部にある［レイヤーマスクを追加］ボタン
を押すと、選択範囲がレイヤーマスクと
して保存されます。レイヤー名は「red_
mask」に変更しておきます。

STEP
06 次に、写真の青い部分の選択範
囲を作成します。

選択範囲メニュー→"色域指定"を選択
します。「色域指定」ダイアログのスポイト
で写真の青い部分（空）をクリックし、選
択範囲を作成します。

「色域指定」ダイアログで青い
部分の選択範囲を作成

STEP
07 こちらもこのままだと細かい部分の境界が粗いので、レイヤーマスクを
使って整えます。STEP 05と同様に新規レイヤーを作成してからレイヤー
マスクを作成します。レイヤー名は「blue_mask」に変更しておきます。
このレイヤーマスクを使用して、ブラシツールなどで植物との境界線などを調整し、
選択範囲をきれいにします。

レイヤーマスクで細かい部分の
調整を行う
(図はoption〔Alt〕+shiftキー
を押しながらレイヤーマスクサ
ムネールをクリックして、マスク
範囲を半透明の赤で表示した
状態)

青い部分の選択範囲がきれい
に整えられた

デザインの
ネタ帳

CHAPTER 1
CHAPTER 2
CHAPTER 3
CHAPTER 4
CHAPTER 5

選択範囲外をモノクロにしてから着色する

STEP 08 STEP 05と07で作成した2つの選択範囲を
足し合わせます。

まず、command〔Ctrl〕キーを押しながら赤い部
分のレイヤーマスクサムネールをクリックし、続けて
command〔Ctrl〕+shiftキーを押しながら青い部分
のレイヤーマスクサムネールをクリックします。これで2
つの選択範囲が同時に選択された状態になります。

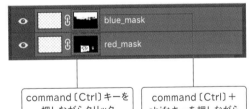

command〔Ctrl〕キーを
押しながらクリック

command〔Ctrl〕+
shiftキーを押しながら
クリック

赤い部分の選択範囲に
青い部分の選択範囲が
足される

STEP 09 さらに、command〔Ctrl〕+shift+Iキーで選択範囲を反転させます。
赤い部分と青い部分以外が選択された状態になります。

選択範囲を反転した状態

STEP
10 〉 レイヤーメニュー→"新規調整レイヤー"→"白黒"を選択します。
赤と青以外がモノクロになります。

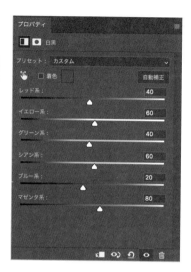

赤い部分と青い部分以外がモノクロになる

STEP
11 〉 さらに、プロパティの［着色］にチェックを入れ、着色カラーを黄
土色にしてモノクロ部分に色をつけます。

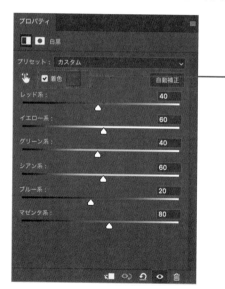

カラーピッカーで着色する色を選択

赤い部分と青い部分以外が
着色される

全体のコントラストを強める

STEP
12 最後に、レイヤーメニュー→"新規調整レイヤー"→"レベル補正"
を選択して全体的にコントラストを強めて完成です。

コントラストを上げて完成

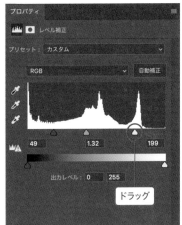

主役を引き立てるシンプルなウォールペーパー

背景をフラットなカラーペーパー風に仕上げることでアイテムがより引き立ちます。モックアップを使ったデザイン展開のプレゼンテーションにも活躍してくれそうです。また、アイテムのバリエーションすべてを並べて撮影するスペースがないときにも役に立つレイアウトのアイデアです。

制作・文　遊佐一弥

使用アプリケーション

Photoshop CC 2022

制作ポイント

➡ アイテムの角度（パース）を揃えることがきれいな仕上がりのコツ

➡ 切り抜きは［被写体を選択］ボタンなどの自動ツールを活用する

➡ ドロップシャドウなどの効果をうまく使うことで仕上がりに統一感を

" ━━━━━ 写真データを用意する ━━━━━ "

STEP
01
アイテムの画像データがない場合は撮影することになると思いますが、小さなものなら実際のレイアウトに近い感じでまとめて撮影しておきます。
ここでは正面か真上からの俯瞰など角度がつかないように撮影します。
大きいアイテムやまとめて撮影するのが難しい場合は、別撮りしてもよいでしょう。その場合、カメラを固定して同じ画角で撮れるようにすると、仕上がりがきれいになります。

アイテムの写真を
用意する

写真の被写体を目立たせる

デザインの
ネタ帳

CHAPTER 1

CHAPTER 2

CHAPTER 3

CHAPTER 4

CHAPTER 5

アイテム画像を配置する

STEP
02　Photoshopで新規ファイルを作成し、アイテムを並べていきます。
イメージに合わせて正位置でも、角度をつけてもよいでしょう。この時点で
はアイテムの背景が見えているので並べにくいと思いますが、後ほどマスクをかけ
た後に調整するのでこの時点ではおおまかな配置でかまいません。
斜めで揃えたい場所などは、線ツールを利用してガイド代わりに利用するとよいで
しょう。

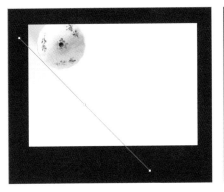 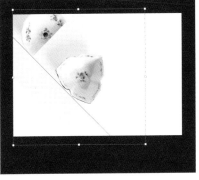

アイテムを配置
していく

STEP
03　撮影したときのアイテム写真の背景をレイヤーマスクで隠します。
ツールパネルでオブジェクト選択ツールやクイック選択ツールなどを選択
し、オプションバーの［被写体を選択］ボタンでアイテムの選択範囲を作成してお
きます。選択範囲が作成された状態で、レイヤーパネル下部にある［レイヤーマスク
を追加］ボタンでマスクを作成します。

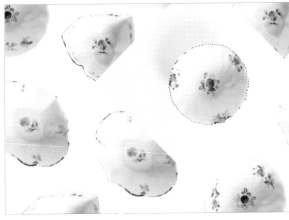 

［被写体を選択］ボタンで選択範囲を作成

└─［レイヤーマスクを追加］ボタン

写真の被写体を目立たせる

STEP 04 選択範囲メニュー→"選択とマスク"を選択します。ブラシツールや［グローバル調整］にある［ぼかし］、［エッジのシフト］などを使ってマスクを調整しましょう。

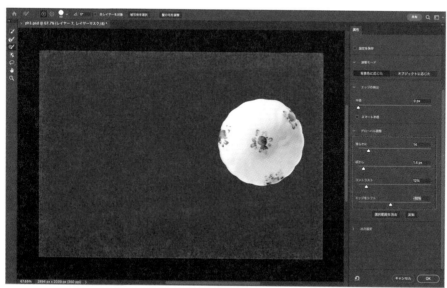

マスクの境界部分
などを丁寧に調整
する

STEP 05 レイアウトや大きさを変える前に、レイヤーをスマートオブジェクトに変換しておきましょう。オブジェクトのサイズを変更する際の画像劣化を防ぐことができます。

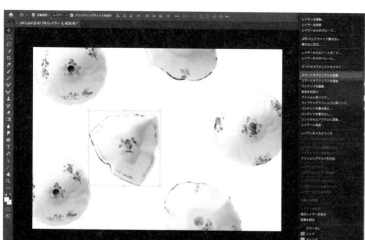

レイヤーはすべてスマートオブジェクトに
変換する

デザインの
ネタ帳

CHAPTER 1

CHAPTER 2

CHAPTER 3

CHAPTER 4

CHAPTER 5

STEP
06　全体の様子を見ながら、アイテムの位置やサイズなどを調整してレイ
アウトを整えます。
アイテムレイヤーはまとめてグループ化しておきましょう。

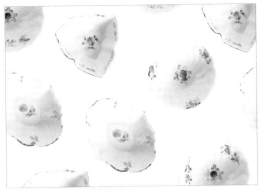

アイテムのレイヤー
はグループ化して
おく

" —————————— 背景を作成してドロップシャドウで仕上げる —————————— "

STEP
07　背景レイヤーを選択し、レイヤーメニュー→ "新規塗りつぶしレイ
ヤー" → "べた塗り" を選択し、好みのカラーを選択します。べた塗り
レイヤーの不透明度、描画モードを変更するなど調整します。
全体の位置、大きさ、間隔などを調整して、アイテムグループに対してレイヤー
メニュー→ "レイヤースタイル" → "ドロップシャドウ" を選択し、不自然になら
ない程度にドロップシャドウを適用して立体感を出します。最後に、[トーンカー
ブ] 調整レイヤーを作成して、[RGB]（全体）の明るさを調整し、[ブルー]
の中間層を引き上げてやや強く感じる黄色味を抑えて完成です。

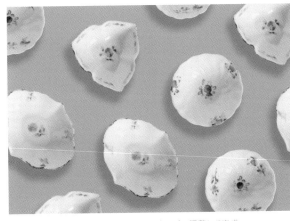

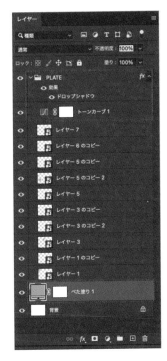

背景とドロップシャドウを追加して、トーンカーブで調整して完成

照明に光を灯す

照明が光っている部分を思い通りに撮影するには高度なテクニックが必要ですが、Photoshopで後から光をコントロールすることは意外と簡単です。照明フィルターもありますが、ここではよりシンプルでイメージ通りの光を作りやすい、ブラシを使った方法を紹介します。

制作 ポイント

➡ 効果ではなくブラシを使って表現することでより手軽に思い通りの光を

➡ 描画モード［スクリーン］で光を自然に重ねることが可能に

➡ 光のレイヤーを複数重ねることでより複雑な表現に

使用アプリケーション

Photoshop CC 2022

制作・文 遊佐一弥

" ━━━━━━ 写真データを用意する ━━━━━━ "

STEP
01
元画像のファイルを開いたら、作業用に新規レイヤーを追加します。

デザインの
ネタ帳

CHAPTER 1

CHAPTER 2

CHAPTER 3

CHAPTER 4

CHAPTER 5

" ━━━━━━━━━ 光源とフレアを描く ━━━━━━━━━ "

STEP 02 描画色を光の色に合わせて変更します。
ブラシツールに切り替え、ブラシパネルでブラシの［直径］を描きたい光のサイズに合わせて調整し、［硬さ：0％］に設定します。

描画色を光の色に設定 ──

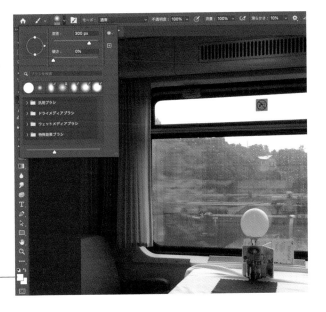

STEP 03 ブラシツールのまま、照明のあたりでクリックして円を描きます。
移動ツールに切り替えて、オプションバーの［バウンディングボックスを表示］にチェックが入っていることを確認したら光源の位置に合わせて移動します。さらに、レイヤーパネルの描画モードを［スクリーン］に変更して、レイヤーの不透明度を下げておきます。
また、必要に応じて照明の光に合わせて変形してもよいでしょう。
これで光源から広がるやわらかい光の表現ができました。

移動ツールのオプションバー

描画モードを［スクリーン］
にして不透明度を下げ、照明に合わせて変形した

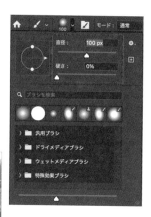

STEP **04**　続けて新規レイヤーを追加して複数の光源を描画していきます。
今度はブラシを少し小さめに設定し、光源の中心位置にブラシツールのままクリックし、小さなソフト円を追加します。

こちらも描画モードを［スクリーン］に、不透明度を下げていきますが、STEP 03のものより少ししっかり見えるくらいにしておくことで、光源の中心の強い光として見えるようになります。

状況に応じて光源の数を増やすことで、より複雑で自然な光の表現ができるので、調整してみてください。

光源の中心に強めの
光を加える

STEP **05**　新たに新規レイヤーを用意し、楕円形になるようにブラシでペイントします。長辺方向に合わせてフィルターメニュー→"ぼかし"→"ぼかし（移動）"で、縦に長くなるよう形を整えます。このレイヤーを複製して回転させて、光がクロスするようにします。

フレアのレイヤーも描画モードや不透明度で画面になじむように調整していきます。レイヤーの複製回数を増やしてより多くのフレアを追加してもよいでしょう。また、作例では、同様の手順でテーブルクロスにも柔らかく反射する光を加え、ライティングされたテーブルの上を演出しています。

テーブルクロスにも反射する光を演出して完成

縦長になるようにぼかしを加える

縦長のフレアをコピーして90度
回転してクロスさせる

CHAPTER 1 05

撮影した商品写真に影をつける

オンライン販売サイト用の商品画像を準備する際、単純に商品を切り抜いただけでは安っぽく見えてしまいます。撮影時に影も含めて撮れればよいのですが、状況によっては影を後からつけなくてはならないこともあります。ここではPhotoshopで商品写真に影をつける方法を紹介します。

制作ポイント

➡ 画像に影をつけて立体感や臨場感を高める

➡ トーンカーブで影を追加する

➡ 影の濃淡に強弱をつけることでリアリティをアップさせる

使用アプリケーション

Photoshop CC 2022

制作・文 Photoshop Book

" ——————— 写真を準備する ——————— "

STEP 01 商品画像のファイルを開き、商品画像と背景は別のレイヤーにしておきます。作例ではすでに商品が切り抜かれた状態になっていますが、そうでない場合は、選択範囲メニュー→"被写体の選択"などを使って選択範囲を作成し、切り抜いておきましょう。

" トーンカーブとレイヤーマスクで影をつける "

STEP 02 レイヤーパネルで背景レイヤーを選択し、レイヤーパネル下部の[塗りつぶしまたは調整レイヤーを新規作成]ボタンから[トーンカーブ]を選択します。プロパティパネルで右上角のポイントを下に移動します。
トーンカーブで背景が暗くなります。

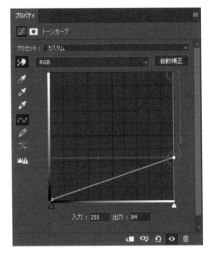

背景が暗くなる

STEP 03 トーンカーブレイヤーのレイヤーマスクサムネールを選択し、command〔Ctrl〕+Iキーでレイヤーマスクを黒に反転します。
レイヤーマスクを黒にすることでトーンカーブの影響が隠れるので、背景は一旦白に戻ります。

command〔Ctrl〕+I で反転

写真の被写体を目立たせる

STEP 04 トーンカーブレイヤーのレイヤーマスクサムネールを選択した状態で、ツールパネルで楕円形選択ツールを選択し、缶の底周りをドラッグして、影になる範囲を大体でよいので選択します。

ドラッグして缶底の周りを囲む

STEP 05 選択範囲を微調整するために、選択範囲メニューから"選択範囲を変形"を選びます。
選択範囲の周りに四角いバウンディングボックスが現れるので、ボックスの上下左右のハンドル（□）をドラッグして、選択範囲の形が影の範囲になるように変形します。縦横比を変えたい場合はshiftキーを押しながらハンドル（□）をドラッグします。
好みの形になったらreturn〔Enter〕キーで変形を確定させます。

上下左右のハンドルをドラッグして選択範囲の形を変形

STEP 06 選択範囲を決められたらDキーを押して描画色を初期化して白にし、option〔Alt〕キーを押しながらdeleteキーを押して選択範囲を塗りつぶします。

白で塗りつぶした部分はマスクが解除されて影が表示される

影のトーンカーブレイヤーマスクをぼかします。
STEP 07

command〔Ctrl〕+Dキーで選択範囲を解除してから、フィルターメニュー→"ぼかし"→"ぼかし（ガウス）"を選択します。ダイアログでぼかしの[半径]を設定して影の範囲をぼかします。ここでは「20 pixel」に設定しています。

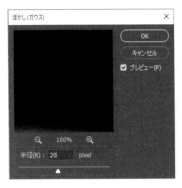

影にぼかしが入る

これで、おおよその影ができました。このままでもいいのですが、影に濃淡をつけることでより本物に近い影にすることができます。

"―――――――――――――― 影に濃淡をつける ――――――――――――――"

STEP 08

STEP 04と同様に楕円形選択ツールを選択します。今度は大体缶の底の曲線に沿うようにドラッグして楕円形で選択します

ドラッグして缶底の曲線に沿うように囲む

STEP 09

STEP 05と同様に選択範囲メニューから"選択範囲を変形"を選びます。
選択範囲がぴったりと缶の底に合うように調整します。楕円形の形が合ったらreturn〔Enter〕キーで変形を確定させます。

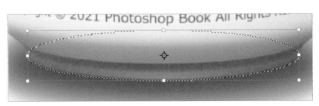

缶底の曲線に合うように変形する

写真の被写体を目立たせる

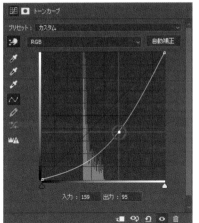

デザインの
ネタ帳

CHAPTER 1

CHAPTER 2

CHAPTER 3

CHAPTER 4

CHAPTER 5

STEP 10 再びレイヤーパネル下部の［塗り
つぶしまたは調整レイヤーを新規
作成］ボタンから［トーンカーブ］を選択し
ます。プロパティパネルでカーブの真ん中
あたりをドラッグして少し下げます。

STEP 11 そのままcommand〔Ctrl〕＋T
キーで、トーンカーブのマスクを
変形します。
バウンディングボックスが表示されたら、
option〔Alt〕キーを押しながら角のハン
ドル（□）をドラッグして基準点を中心に
拡大すると、トーンカーブで濃くなった部分
が出てきます。右図くらいまで出てきたら
return〔Enter〕キーでで確定します。

基準点を中心に拡大して缶底の影が見えるように変形する

STEP 12 2つ目の影のトーンカーブレイ
ヤーマスクをぼかします。
command〔Ctrl〕＋Dキーで選択範囲を
解除してから、フィルターメニュー→"ぼか
し"→"ぼかし（ガウス）"を選択します。
ダイアログでぼかしの［半径］を設定し
て影の範囲をぼかします。ここでは「5
pixel」に設定しています。

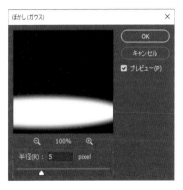

STEP **13** 必要に応じてトーンカーブを修正して濃さを調整します。

ここでは最初の影の色が強すぎたので、カーブの下げ具合を少し戻しました。これで完成です。

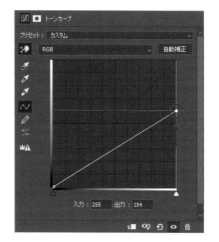

○ MEMO

背景によっては、影レイヤーのトーンカーブを調整することによって、より背景へのなじみ感がアップすると思います。

影のレイヤーを2つのトーンカーブに分けているのは、影の強弱を作りやすいからです。うまく濃淡を調整して1つのカーブにまとめるといった方法でも問題ありません。

作例では対象物が単純な円柱形だったので、楕円形ツールを使いましたが、ブラシを使った手描きが必要になるケースも多々あります。

完成画像

CHAPTER

2

写真に
文字を入れる

木目に焼き印を入れたロゴ

リアルな焼き目を木のテクスチャに入れる加工方法です。文字やロゴに使用でき、汎用性の高い表現なので、広告のアクセントなどに使用すると効果的です。ポスター、DM、チラシ、Web、など、幅広い媒体で使用できます。

制作・文 マルミヤン

使用アプリケーション
Photoshop CC 2021

制作ポイント

➡ 描画モードをオーバーレイにして焼き込みを表現

➡ ぼかし（ガウス）で周りの焦げ目を表現

➡ 焼き込みツールでさらに焦げ目をプラスする

写真に文字を入れる

""━━━ 画像を用意して描画モードを変更する ━━━""

STEP
01
はじめに元となる木のテクスチャの写真を用意して開きます。

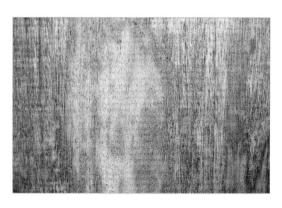

STEP 02
続いて木のテクスチャ画像に焼き付けるための画像を用意します。
ここでは背景が透過されたロゴのイラストを用意し、木のテクスチャ画像の上に配置しました。

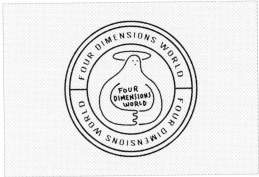

ロゴのイラスト画像

木目の画像の上に配置

STEP 03
イラストのレイヤーの描画モードを［オーバーレイ］に変更します。
木目のカラーとテクスチャに焼き付けたように合成されます。
さらに、イラストのレイヤーを複製して重ねます。
複製して重ねると色が濃くなるので、ロゴのイメージに合わせて必要であれば適宜調整を行います。

描画モードから［オーバーレイ］を選択

「イラスト」レイヤーを［新規レイヤーを作成］
ボタンにドラッグ＆ドロップしてレイヤーを複製

イラストのレイヤーの描画モードを［オーバーレイ］にした

イラストのレイヤーをコピーして重ねた状態

CHAPTER 1

CHAPTER 2

CHAPTER 3

CHAPTER 4

CHAPTER 5

［ぼかし（ガウス）］でロゴの周りの焦げを作る

STEP
04

さらにSTEP 03で作成したレイヤーを複製します。
複製したレイヤーを選択した状態で、フィルターメニュー→"ぼかし"→"ぼかし（ガウス）"を選択し、ダイアログで［半径：4.0 pixel］に設定します。

複製したレイヤーに［ぼかし（ガウス）］を適用した結果

レイヤーを複製

［ぼかし（ガウス）］を適用

STEP
05

STEP 04で作成した「ぼかし」レイヤーをさらに複製して重ね、ロゴの周りの焦げを表現します。
複製の回数は、ロゴのイメージに合わせて適宜調整を行いましょう。

「ぼかし」レイヤーを重ねた結果

「ぼかし」レイヤーを複製して重ねる

デザインの
ネタ帳

CHAPTER 1

CHAPTER 2

CHAPTER 3

CHAPTER 4

CHAPTER 5

木のテクスチャに焼き込みを加える

STEP 06 背景レイヤーを選択し、レイヤーパネル下部の［新規レイヤーを作成］
ボタンの上にドラッグ＆ドロップしてレイヤーを複製します。
複製したレイヤーを選択した状態で、ツールパネルから焼き込みツールを選択
します。
ブラシの種類は「ソフト円ブラシ」、ブラシのサイズは調整しながら［範囲：シャ
ドウ］に設定して、部分的にブラシを加えていきます。

「背景」レイヤーをコピー

焼き込みツールのオプションバー

焼き込みツールで木
のテクスチャに焼き目
を加える

STEP 07 焼き込みツールのオプショ
ンバーで［範囲：中間色］
に設定し、さらに焼き込みを加えて
完成です。

焼き込みツールのオプションバー

完成

━ **VARIATION** ━

焼き込み部分に色をつける

ロゴの焼き込み部分に少し色をつけたい場合は、レイヤーの一番上のぼかしレイヤーを選択し、[レイヤースタイルを追加] ボタンから [カラーオーバーレイ] を選択します。
ダイアログで右図の様に設定すれば、色をつけることも可能です。

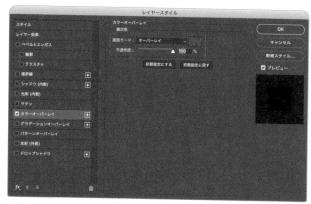

選択範囲の背景部分を加工した例

レイヤースタイルを追加

焼き込み部分に色がつく

デザインの
ネタ帳

CHAPTER 2

CHAPTER 1

CHAPTER 2

CHAPTER 3

CHAPTER 4

CHAPTER 5

02

食パンにジャムで描いたロゴ

写真素材（ぱくたそ）https://www.pakutaso.com/20200302063post-26079.html

リアルなジャムで描いたようなロゴを作る方法です。インパクトを出すことができ、視覚的にも面白さがあるので、メインのビジュアルとして使用しても目を引く広告が作れます。食のイベントポスターや、商品パッケージなどで使用すると効果的でしょう。

制作・文 マルミヤン

使用アプリケーション
Photoshop CC 2021

制作ポイント

➡ なげなわツールでロゴの形の選択範囲を作成する

➡ 選択範囲を塗りつぶし、レイヤースタイル効果でジャムをリアルに表現

➡ フィルター効果でリアルなジャムの質感をプラスする

❝━━━━ 食パンの写真の上にロゴの選択範囲を作成する ━━━━❞

STEP
01
土台となる食パンの写真を用意し、右図のように配置します。カンバスサイズは「幅：1200 px」×「高さ：800 px」に設定しています。

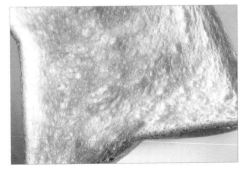

元画像は「ぱくたそ」よりダウンロードしてください
（https://www.pakutaso.com/20200302063post-26079.html）

STEP
02 なげなわツールを選択し、ロゴを作成していきます。
オプションバーで［選択範囲に追加］を選択し、下図のようにロゴの文字
（JAM）の選択範囲を作成していきます。

選択範囲に追加

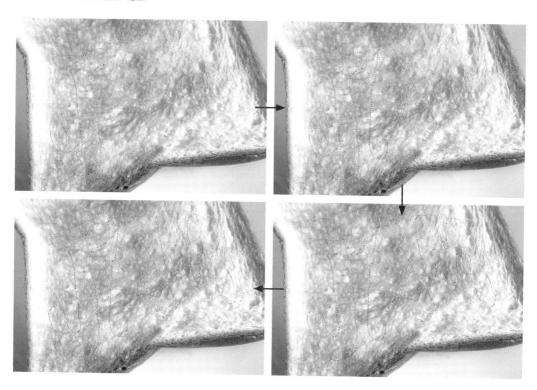

STEP
03 なげなわツールのオプションバーで［現在の選択範囲から一部削除］を
選択し、「A」の文字の選択範囲の一部を削除します。

現在の選択範囲から一部削除

デザインの
ネタ帳

CHAPTER 1

CHAPTER 2

CHAPTER 3

CHAPTER 4

CHAPTER 5

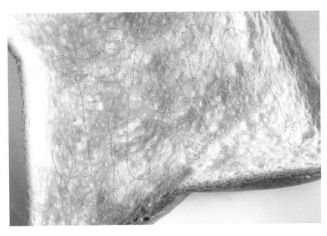

ロゴの文字の選択範囲が完成

STEP 04 さらに新規レイヤーを作成し、選択範囲を塗りつぶします。
このとき、塗りつぶす色は何色でもかまいません。

新規レイヤーで選択範囲を塗りつぶす

STEP 05 command〔Ctrl〕＋Dキーで選択範
囲を解除し、レイヤーパネルメニューの
［スマートオブジェクトに変換］を選択して塗り
つぶしたレイヤーをスマートオブジェクトに変換し
ます。

スマートオブジェクト
に変換

STEP 06 移動ツールを選択し、オプションバーで [バウンディングボックスを表示] にチェックを入れて、四隅のコーナーをドラッグして大きさを調整します。

さらに、境界をぼかすために、フィルターメニュー →"ぼかし"→"ぼかし (ガウス)"を選択し、ダイアログで [半径：2.0pixel] に設定します。これでロゴの選択範囲ができました。

大きさを調整後、[ぼかし (ガウス)] を適用

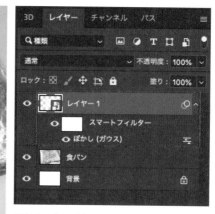

[ぼかし (ガウス)] はスマートフィルターとなるので、あとから設定値を変えることもできる

写真に文字を入れる

" ―――――― レイヤー効果でジャムのように加工する ―――――― "

STEP 07 レイヤーパネルでレイヤー1の [塗り] を「0％」に設定します。

［塗り：0％］にする

STEP
08 レイヤーメニュー→"レイヤースタイル"→"レイヤー効果"を選択して「レイヤースタイル」ダイアログを表示します。

ここでさまざまなレイヤースタイルを適用していきます。適用するのは、順に［ベベルとエンボス］、［シャドウ（内側）］、［サテン］、［カラーオーバーレイ］、［光彩（外側）］、［ドロップシャドウ］の6つです。すべて設定したら、［OK］を押します。

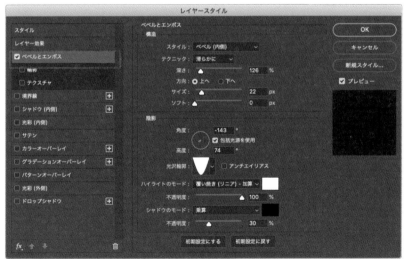

［ベベルとエンボス］の設定

［シャドウ（内側）］の設定

［サテン］の設定

［カラーオーバーレイ］の設定

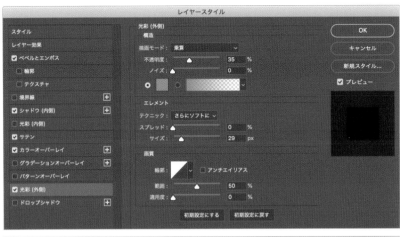

[光彩（外側）]の設定

[ドロップシャドウ]の設定

それぞれの効果をクリックすると
ダイアログが表示され、設定値
を変更できる

051

6つのレイヤースタイルを適用した結果

STEP 09
ロゴのレイヤーを複製し、レイヤーの一番上に配置します。

レイヤースタイルの効果が残ったままだと、この後のフィルター効果の結果が変わってしまうため、ラスタライズしておきます。

複製したレイヤーを選択した状態で、レイヤーメニュー→"ラスタライズ"→"レイヤースタイル"を選択します。

レイヤーを複製してレイヤースタイルをラスタライズ

STEP 10
ツールパネルで描画色を黒、背景色を白に設定します。フィルターメニュー→"フィルターギャラリー"→"アーティスティック"→"ラップ"を選択し、[ハイライトの強さ：18]、[ディテール：6]、[滑らかさ：12]に設定します。

デザインの
ネタ帳

CHAPTER 1

CHAPTER 2

CHAPTER 3

CHAPTER 4

CHAPTER 5

[ラップ] フィルターでぬめりを演出した結果

STEP
11 レイヤーパネルで描画モードを [オーバーレイ]、[不透明度：
70%] に設定します。

[ラップ] フィルターの効果を重ねた結果

STEP
12
最後に食パンの色を調整して仕上げます。
食パンのレイヤーを選択し、イメージメニュー→"色調補正"→"トーンカーブ"を選択し、図のように設定して完成です。

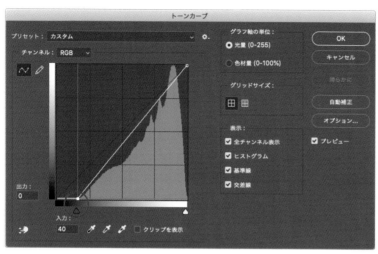

食パンの焼き色を少し濃くして完成

写真に文字を入れる

デザイン®ネタ帳

CHAPTER 1

CHAPTER 2

CHAPTER 3

CHAPTER 4

CHAPTER 5

― VARIATION ―

ジャムからハチミツに変えてみる

ラスタライズしていない方のレイヤーを選択し、レイヤースタイルを開いて、[シャドウ
（内側）] と [サテン] のチェックを外し、[カラーオーバーレイ] でカラーを下図の
ように変更すると、ジャムからハチミツに変えられます。

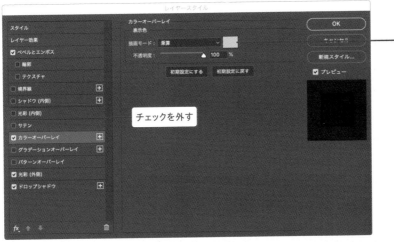

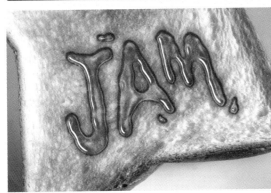

［カラーオーバーレイ］の色を変更

Webバナーで役立つ白背景に白い文字

ユーザーによって更新されることを前提した記事バナーの場合、背景にどんな画像がくるかわかりません。そこで、白い画像が背景に配置されたときに、その上に白い文字が載っても文字を認識することができるようなデザインフォーマットを作成していきます。

制作・文 遊佐一弥

使用アプリケーション
Photoshop CC 2022

制作ポイント

➡ グラデーションで視認性を確保しつつ自然な仕上がりを

➡ べた塗りで全体のトーンを統一させる方法も検討

➡ 描画モード、不透明度の調整で仕上がり状態を調整

写真に文字を入れる

" テキストを配置する "

STEP
01
バナーサイズに合わせて新規ファイルを作成し、ベースとなる画像を配置します。ドラッグ＆ドロップで画像を配置すると、スマートオブジェクトとして認識されます。

STEP 02　横書き文字ツールを使ってバナーテキストを配置します。
ひとまず見やすいテキストカラーでテキスト編集しておきましょう。
この段階ではあくまで仮入れです。デザインとして使用するカラーは後ほど設定します。

━━━━━━━━ 背景カラーを追加する ━━━━━━━━

STEP 03　画像レイヤーを選択した状態で
レイヤーメニュー→"新規塗りつ
ぶしレイヤー"→"グラデーション"を選択
し、描画色から透明に変化するグラデー
ションを追加します。

STEP
04 グラデーションエディターで好みの色にし、テキストの位置のあたり
に塗りの設定が来るように設定するとよいでしょう。
角度を「−90°」にして下方に向かって透明になるようし、[不透明度]を下
げて薄く見える程度に調整すると、元の画像の雰囲気を変えることなくバ
ナーを作成できます。

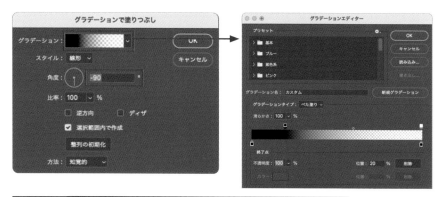

作成したグラデーション
（背景写真のレイヤーを
非表示にした状態）

STEP
05 文字色を実際に使用した
い色に変えて、背景色と近
くなった場合に文字が読めるかどう
か、デザインとのバランスを見ながら
決めていきます。
ここでは文字色を白としたので、空の
明るく白に近い場所でも文字の視認
性を確認しながら、グラデーションレ
イヤーの描画モードや不透明度の設
定をします。

文字カラーを白に変え、
描画モードと不透明度で
調整

STEP 06 また、グラデーションレイ
ヤーの部分をべた塗りレイ
ヤーにして、描画モードを［オーバー
レイ］や［スクリーン］などにすると、
画像のイメージに統一感を持たせた
バナーを作成することができます。
デザインのイメージや画像の様子を
見ながら、効果的な描画モードの選
択や不透明度の設定をするようにし
てください。

MEMO

描画モードをWebサイ
ト上で再現するための
cssテクニックは比較
的新しく、対応するブ
ラウザが限られている
場合などがあるので、
不透明度で調整するデ
ザインの方がコーディ
ングがシンプルに済む
傾向にあります。

べた塗りレイヤーを配置
して描画モードと不透明
度を調整

VARIATION

レイヤースタイルを使った視認性アップの方法

文字にレイヤースタイルを
かけて視認性を確保する
方法をご紹介します。
まず文字レイヤーにレイ
ヤースタイルの［光彩（外
側）］を追加します。

文字を選択してからレイヤースタイルの
［光彩（外側）］を選択

「レイヤースタイル」ダイ
アログで［描画モード：乗
算］、［不透明度：50％］、
［サイズ：80px］に設定
します。
［サイズ］を少し大きめに
設定することで、文字の
周囲に影になる部分がで
き、画像の色調を変える
ことなく文字の視認性を
確保することができます。

［光彩（外側）］が適用
された状態

写真に文字を入れる

CHAPTER 3

絵画・イラスト風の加工

01

写真をポップなイラストに

写真をポップなイラスト調に加工する方法です。素材をイラストのように加工することで、カジュアルさや温かさ、親しみやすさなどのイメージをプラスできます。配色の仕方で雰囲気も変わるので、デザインの用途に合わせて調整するとよいでしょう。

写真素材　https://stock.adobe.com/jp/images/jogging/37490706

制作・文 マルミヤン

使用アプリケーション
Photoshop CC 2021

制作ポイント

➡ 写真素材の被写体を抽出する

➡ 2階調化とマジック消しゴムツールでレイヤーを各パーツに分ける

➡ レイヤースタイル効果を適用して各レイヤーをポップな配色にする

絵画・イラスト風の加工

❝ ━━━ 被写体を切り抜いて新規ファイルにコピーする ━━━ ❞

STEP 01 はじめに元となる写真を用意して開きます。

選択範囲メニュー→"被写体を選択"を選択して右図のようにカーブミラーの選択範囲を作成します。

デザインの
ネタ帳

CHAPTER 1

CHAPTER 2

CHAPTER 3

CHAPTER 4

CHAPTER 5

STEP **02** 選択できていない箇所は自動選
択ツールで選択範囲を追加し、
調整を行います。
選択した部分をコピーして、新規ファイル
上にペーストし、大きさを調整します。

画面を拡大表示して、選択されていない部分などを選択範囲に追加する

新規ファイル上にペーストしてサイズを調整

STEP **03** STEP 02で作成したレイヤーを3回複製し、右図の
ようにレイヤー名を「写真素材1」〜「写真素材4」
に変更しておきます。
ここで作成した4つのレイヤーをパーツに分けて、レイヤースタ
イルを適用していきます。

レイヤーを複製してレイヤー名を変更

" ━━━━━━ レイヤーごとにカラーを設定する ━━━━━━ "

STEP **04**　「背景」レイヤーと「写真素材1」レイヤーのみ表示させます。
「写真素材1」レイヤーを選択した状態で、レイヤーメニュー→"レイヤースタイル"→"カラーオーバーレイ"を選択し、右図のように設定して全体をオレンジ色にします。

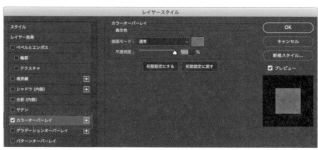

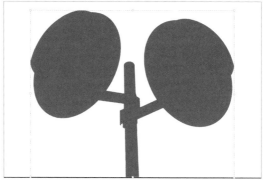

［カラーオーバーレイ］を適用

STEP **05**　続いて「写真素材2」レイヤーを表示させます。このレイヤーを選択した状態で、イメージメニュー→"色調補正"→"2階調化"を選択し、右図のように設定します。

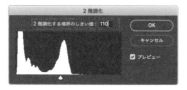

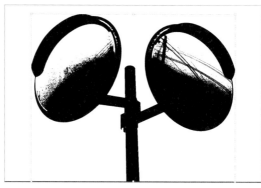

［2階調化］を適用

絵画・イラスト風の加工

続けて、マジック消しゴムツールを選
択し、オプションバーで右図のように
設定して、白の部分をクリックして削
除します。このとき、「背景」レイヤー
は非表示にしておきます。
フィルターメニュー→"ノイズ"→"明
るさの中間値"を選択し、[半径：2
pixel]で適用します。

マジック消しゴムツールのオプションバー

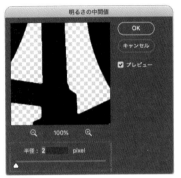

マジック消しゴム
ツールで白い部分
を削除

[明るさの中間値]
を適用

さらに、レイヤーメニュー→"レイヤー
スタイル"→"カラーオーバーレイ"を
選択し、右図のように設定して黒い部
分を白にします。

[カラーオーバーレイ]
を適用

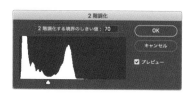

STEP **06** 「写真素材3」レイヤーもSTEP 05と同様に作業します。
「写真素材3」レイヤーを選択した状態で、イメージメニュー
→"色調補正"→"2階調化"を選択し、右図のように設定します。
STEP 05としきい値を変えているので、2階調化される範囲が異なります。

続けて、マジック消しゴムツールを選択し、白の部分をクリックして削除し、
フィルターメニュー→"ノイズ"→"明るさの中間値"を選択して、STEP
05と同様に［半径：2 pixel］で適用します。

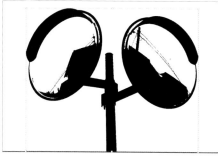

［2階調化］を適用

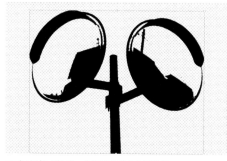

マジック消しゴムツールで白い部分を削除後、
［明るさの中間値］を適用

さらに、レイヤーメニュー→"レイヤー
スタイル"→"カラーオーバーレイ"を
選択し、右図のように設定して黒い部
分の色を変えます。

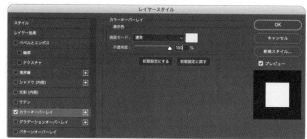

［カラーオーバーレイ］
を適用

STEP 07 「写真素材4」レイヤーもSTEP 05と同様に作業します。
「写真素材4」レイヤーを選択した状態で、イメージメニュー
→ "色調補正" → "2階調化" を選択し、右図のように設定します。STEP
05、06としきい値を変えているので、2階調化される範囲が異なります。

続けて、マジック消しゴムツールを選択し、白の部分をクリックして削除し、
フィルターメニュー→ "ノイズ" → "明るさの中間値" を選択して、STEP
05と同様に［半径：2 pixel］で適用します。

［2階調化］を適用

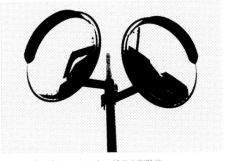

マジック消しゴムツールで白い部分を削除後、
［明るさの中間値］を適用

さらに、レイヤーメニュー→ "レイヤー
スタイル" → "カラーオーバーレイ" を
選択し、右図のように設定して黒い部
分の色を変えます。

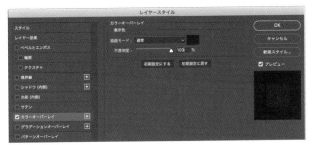

［カラーオーバーレイ］
を適用

STEP
08
後から色の編集を行えるように、作成したレイヤーを複製してグループ化し、さらに非表示にしておきましょう。
すべてのレイヤーを表示して、仕上がりを確認し、「写真素材1」〜「写真素材4」の4つのレイヤーを結合します。

すべてのレイヤーを表示

結合する前に複製
してグループ化

結合したレイヤーを選択した状態で、フィルターメニュー→"ノイズ"→"明るさの中間値"を選択して、[半径：2 pixel]で適用します。

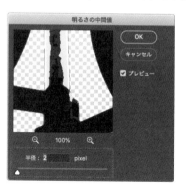

レイヤーを結合後［明るさの中間値］を適用

最後に「背景」レイヤーに色を加え、完成です。

CHAPTER 3
02
写真から作るポリゴン風イラスト

写真を元にして作成するポリゴン風イラストで、近未来的、クール、モダンなどのテイストを手軽に表現することができます。Illustratorで作成されることが多いポリゴンですが、ここではPhotoshopでの作業手順をご紹介します。

制作・文 遊佐一弥

制作ポイント
➡ アクション登録を活用することで単純作業を自動化する
➡ 構成する3点を細かくするか広く取るかで印象が大きく変わる

使用アプリケーション
Photoshop CC 2022

" 元画像を用意してグリッドを表示する "

STEP
01 ベースになる写真を用意します。

作業用に「背景」レイヤーを複製し、レイヤー名を「ポリゴン」とします。「背景」レイヤーは作業中にやり直したい場合などのために保管しています。不要であれば作業終了時に削除してしまってもかまいません。

STEP
02
表示メニュー→"表示・非表示"→"グリッド"を選択してグリッドを表示します。
表示メニュー→"スナップ"にチェックが入っていなければチェックを入れ、表示メニュー→"スナップ先"→"グリッド"にチェックが入っていることを確認します。

★編注★
背景レイヤーを非表示になっていませんがOK？

パスを作成して塗りつぶす

STEP
03
パスパネルを開き新規パスを作成します。

ペンツールを選択し、オプションバーでツールモードが［パス］になっていることを確認します。

右図のように、色が切り替わっている位置を目安にしながらペンツールでグリッド上をクリックして、三角形になるようパスを打っていきます。
必ず始めに打ったパスをクリックしてパスを閉じて、三角形を完成させていきます。
パスのポイントはグリッドにスナップするので、画面上の色と多少ずれますが、三角形の頂点となるポイント同志の接点に隙間ができないようにポイントを打つことがきれいに仕上げるコツです。

ペンツールでグリッド上をクリックして三角形を作っていく

目の部分は細かく設定

パスの完成

STEP 04 全体を三角形のパスで覆ったら、パスコンポーネント選択ツールに切り替え、1つの三角形のパスをクリックし、パスパネルの［パスを選択範囲として読み込む］ボタンで選択範囲を作成します。

レイヤーパネルで「ポリゴン」レイヤーを選択した状態で、フィルターメニュー→"ぼかし"→"平均"を選択すると、三角形部分の色の平均値で塗りつぶされます。

［パスを選択範囲として読み込む］ボタン

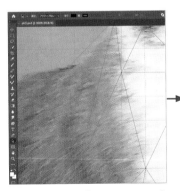

パスコンポーネント選択ツールで1つの三角形のパスをクリック

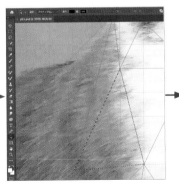

［パスを選択範囲として読み込む］ボタンで選択範囲を作成

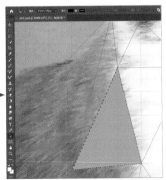

色の平均値で塗りつぶした

アクションで作業を自動化する

STEP 05 この作業をアクション化しましょう。パスコンポーネント選択ツールで次の三角形のパスを選択し、ウィンドウメニュー→"アクション"を選択してアクションパネルを開きます。
[新規アクション作成]ボタンを押し、ダイアログで[アクション名：ポリゴン]、[ファンクションキー：任意の設定]（ここではF9）とし、[記録]ボタンを押して、アクションの登録を開始します。

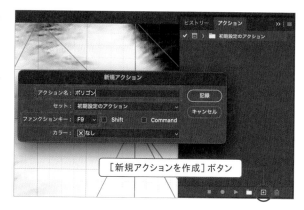

[新規アクションを作成]ボタン

STEP 06 STEP 04と同様に、パスパネルで[パスを選択範囲として読み込む]ボタンを押して選択範囲を作成したら、フィルターメニュー→"ぼかし"→"平均"を選びます。
同じように[ぼかし：平均]フィルターが適用されていることを確認したら、[再生/記録を中止]ボタンを押します。

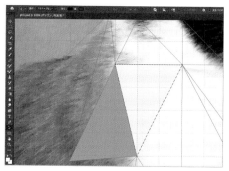

一連の作業の流れを再現して記録する

これで、三角形を選択し、設定したファンクションキーを押すことで、選択範囲の作成と[ぼかし：平均]フィルター適用の作業の流れが、「ポリゴン」アクションとしてアクションパネルに登録されました。

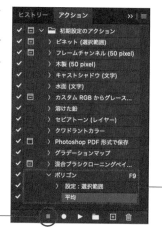

作成されたアクション

[再生/記録を中止]ボタン

すべての三角形に対して「三角形のパスを選択→ファンクションキー」の作業を繰り返し、[ぼかし:平均]フィルターをかけていきましょう。

すべての三角形に[ぼかし:平均]フィルターを適用

┌─────────────────────────────────┐
│ ○   MEMO │
├─────────────────────────────────┤

パスコンポーネント選択ツールでクリックしたとき、その箇所のアンカーポイントが正しく選択されていない（アンカーポイント3点の丸が表示されない）と、パス以外の部分すべてを選択していることになり、アクションが正しく行われないので注意してください。その箇所はパスが打たれていない、ということになるので、随時パスを追加してからアクションを適用するようにしてください。

└─────────────────────────────────┘

STEP 07 パスの選択を解除し、「背景」レイヤーとグリッドを非表示にして仕上がりを確認しましょう。

作業していない部分などが見つかったら該当部分の作業を行い、すべての三角形に対して[ぼかし:平均]をかけます。仕上がりに問題がなければ、パスパネルにある作業してきたパス名を選択した状態で[パスを選択範囲として読み込む]ボタンを押して選択範囲を作成し、レイヤーマスクなどを使って周囲の不要な表示をマスクして完成です。

選択範囲を作成後、背景をマスクした

背景に青のべた塗りレイヤーを配置

ポップでレトロなシルクスクリーン版画風

色の数は少ないけれど鮮やかで、フラットに塗りつぶされ、枠線は力強く全体を引き締めてポップに。ちょっとザラッとした紙に刷られ、色があせたようなレトロな雰囲気に加工します。何気ない風景も魅力的なシルクスクリーン版画のように生まれ変わります。

制作ポイント

➡ 色の数を減らし、平面的なイラストのように加工

➡ 枠線を立体的に強調してインパクトを出す

➡ ザラッとした質感と退色した雰囲気を追加

制作・文 内藤孝彦

使用アプリケーション

Photoshop CC 2022

絵画・イラスト風の加工

" —————— フィルターで色数とパターンを調整する —————— "

STEP 01 元の画像を開きます。まず、写真から色の数を減らします。

フィルターメニュー→"フィルターギャラリー"を選択します。
［アーティスティック］から［エッジのポスタリゼーション］をクリックします。［エッジの太さ：5］［エッジの強さ：8］［ポスタリゼーション：1］に設定します。

STEP 02 右下にある［新しいエフェクトレイヤー］ボタンをクリックし、［カットアウト］をクリックします。
［レベル数：3］［エッジの単純さ：0］［エッジの正確さ：2］に設定します。

［新しいエフェクト
レイヤー］ボタン

STEP 03 全体にパターンを追加します。再び右下にある［新しいエフェクトレイヤー］ボタンをクリックし、［スポンジ］をクリックします。
［ブラシサイズ：2］［鮮明度：7］［滑らかさ：1］に設定し、［OK］をクリックします。

CHAPTER 1
CHAPTER 2
CHAPTER 3
CHAPTER 4
CHAPTER 5

デザインの
ネタ帳

STEP **04**　次に、画像を明るくします。

色調補正パネルから［トーンカーブ］をクリックします。暗い部分はそのままに、中間調から明るい部分がさらに明るくなるようにカーブを調整します。

絵画・イラスト風の加工

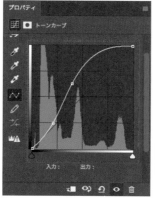

中間調から明るい部分がさらに明るくなるようにカーブを調整

" ━━━━━━━━━━ 枠線を強調する ━━━━━━━━━━ "

STEP **05**　枠線を強調する準備をします。

レイヤーパネルの右下にある［新規レイヤーを作成］ボタンをクリックします。レイヤーパネル右上のパネルメニューをクリックし、option〔Alt〕キーを押しながら［表示レイヤーを結合］を選びます。

STEP 04までのレイヤーはそのまま残り、新しいレイヤー上に結合された画像を作ることができます。

option〔Alt〕キーを押しながらクリック

STEP 06　「レイヤー1」を選択した状態で、フィルターメニュー→"表現手法"→"エンボス"を選択します。
ダイアログボックスで［角度：135°］［高さ：10pixel］［量：80％］に設定します。

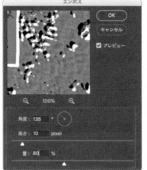
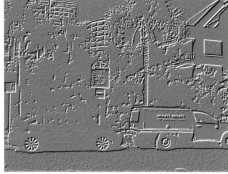

レイヤーパネルで「レイヤー1」の描画モードを［オーバーレイ］にします。

エンボスの効果が加わる

紙の質感を出す

STEP 07　ザラッとした紙の質感を追加します。
レイヤーパネルの右下にある［新規レイヤーを作成］ボタンをクリックし、編集メニュー→"塗りつぶし"を選択し、ダイアログで［内容：ホワイト］にして［OK］をクリックします。

「レイヤー2」を白で塗りつぶす

デザインのネタ帳

CHAPTER 1
CHAPTER 2
CHAPTER 3
CHAPTER 4
CHAPTER 5

STEP
08 　フィルターメニュー→ "フィルターギャラリー"
を選択します。

STEP 01～03の設定が残っているので、右下にある
[エフェクトレイヤーを削除] ボタンを2回クリックしま
す。[テクスチャ] の [テクスチャライザー] をクリックし、
[テクスチャ：砂岩][拡大・縮小：200％][レリーフ：
10][照射方向：右下へ] に設定し、[OK] をクリック
します。

[エフェクトレイヤーを
削除]ボタン

STEP
09 　レイヤーパネルで「レイヤー
2」の描画モードを [乗算]
にして、[不透明度：35％]にします。

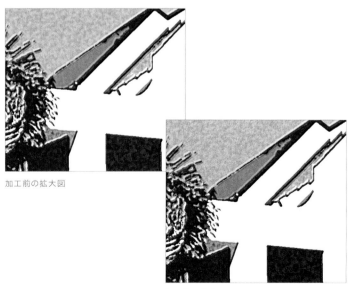

加工前の拡大図

加工後の拡大図

デザインの
ネタ帳

CHAPTER 1

CHAPTER 2

CHAPTER 3

CHAPTER 4

CHAPTER 5

" ———————— 退色した感じを出す ———————— "

STEP **10** 色あせた雰囲気にします。
新規レイヤーを作成し、茶系の色で塗りつぶします。ここでは
スウォッチパネルの［ペール］から色を選びました。
編集メニュー→"塗りつぶし"を選択し、［内容：描画色］にして、
［OK］をクリックします。

  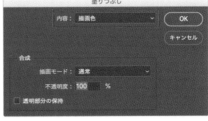

描画色を選択

STEP **11** レイヤーパネルで「レイヤー3」の描画モードを［乗算］にし
て、全体の色調を見ながら好みの不透明度に設定します。
ここでは［不透明度：25％］に設定しました。

退色した雰囲気が演出された

04

写真を油絵風に加工する

フィルターをいくつか重ね合わせ、絵の具のタッチを演出します。写真の生っぽさを軽減することと、筆のタッチをどう表現していくかがポイントです。

制作・文 永樂雅也

使用アプリケーション
Photoshop CC 2022

制作ポイント

➡ 写真の生っぽさを軽減させる

➡ 絵の具の質感をプラスする

➡ カンバスの質感をプラスする

" ——————— マットな質感を出す ———————— "

STEP
01 　元の画像を開きます。レイヤーを複製し、レイヤーパネルメニューから［スマートオブジェクトに変換］を選択します。フィルターをいくつも適用していく場合は、後から効果を調整できるようにスマートオブジェクトに変換してから、各フィルタを適用していきましょう。

まず、レイヤーメニュー→"新規調整レイヤー"→"レベル補正"を選択し、プロパティパネルでコントラストを下げ、色の浅い画像に変換します。

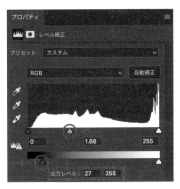

コントラストを下げた
状態

STEP 02 次に、スマートオブジェクトのレイヤーにフィルターメニュー→"ぼかし"→
"ぼかし(ガウス)"を適用し、全体的にぼかします。

全体にぼかしを
加えた

STEP 03 フィルターメニュー
→"フィルタギャラリー"
を選択し、[ブラシストローク]か
ら[エッジの強調]を選択し、図
のように設定して写真の生っぽ
さを抑え、マットな質感に変化さ
せます。

> " ━━━━━━━ 油絵の具とカンバスの質感を加える ━━━━━━━ "

STEP **04** さらに、フィルターメニュー→"表現手法"→"油彩"を選択し、ダイア
ログで図のように設定し、油絵の具のタッチをプラスします。

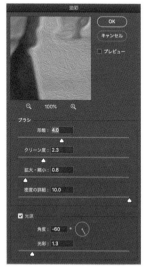

油彩のタッチが加わる

STEP **05** 次に、STEP 04までの
レイヤーをcommand
〔Ctrl〕+Jキーで複製します。
複製したレイヤーを選択した状
態で、フィルターメニュー→"フィ
ルタギャラリー"を選択します。
〔スケッチ〕から〔ウォーターペー
パー〕を選び、図のように設定し
て適用します。カンバス地の質感
がプラスされます。

STEP 06 さらにカンバス地のテクスチャを加え
たレイヤーの描画モードを［乗算］に
変更します。

カンバスのテクスチャを合成した

STEP 07 最後に、レイヤーメニュー→"新規調整レイヤー"→"色相・彩
度"を選択し、プロパティパネルで［彩度］を「＋60」にして、
全体的に色味を鮮やかにして完成です。

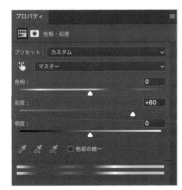

彩度をアップして
完成

05
写真を版画風に加工する

フィルターをいくつか重ね合わせ、版画の質感を演出します。彫刻のテクスチャの部分と、残したい絵の境界線に、溝を入れて、テクスチャと絵が境界によって識別できるようにするのがポイントです。

制作・文 永樂雅也

使用アプリケーション
Photoshop CC 2022

制作ポイント

➡ 写真の輪郭をラフにする

➡ レベル補正で写真の見え方を調整する

➡ 描画効果を用いてランダムな質感を作成する

絵画・イラスト風の加工

輪郭をラフにしてモノトーンにする

STEP 01 元の画像を開き、レイヤーを複製し、レイヤーパネルメニューから[スマートオブジェクトに変換]を選択します。

STEP
02 フィルターメニュー
→"フィルタギャラリー"
を選択します。[アーティスティック]から[カットアウト]を選択
し、図のように設定して画像の輪
郭をラフに変化させます。

STEP
03 次に、レイヤーメニュー→"新規調整レイ
ヤー"→"白黒"を選択し、プロパティパネル
で図のように設定し、色味をモノトーンにします。

STEP
04 さらに、レイヤーメニュー→"新規調整レイ
ヤー"→"レベル補正"を選択し、プロパティ
パネルで下図のように設定し、コントラストを強めます。

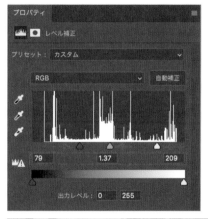

縦書き：絵画・イラスト風の加工

> **STEP**
> **05**

次に、レイヤーメニュー→"新規調整レイヤー"→"２階調化"を
選択し、プロパティパネルで下図のように設定し、黒と白の画像
に変化させます。

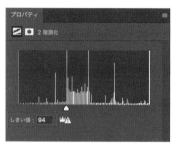

" ━━━━━━ 木版のテクスチャを作成する ━━━━━━ "

> **STEP**
> **06**

ここで新規レイヤーを作成し、黒色
で塗りつぶします。さらに、後で効
果を調整し直せるように、フィルターメニュー
→"スマートフィルター用に変換"を選択し、
スマートオブジェクトにしておきます。
フィルターメニュー→"描画"→"ファイバー"
を適用し、ランダムなファイバー模様を作成し
ます。

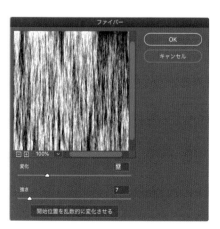

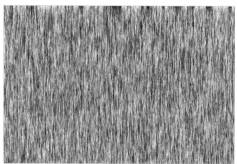

黒で塗りつぶし
たレイヤーにファ
イバー模様を作
成する

STEP 07　作成した模様にフィルターメニュー→"フィルタギャラリー"を選択します。[スケッチ]から[ぎざぎざのエッジ]を選択して、右図のように適用し、輪郭をさらにランダムにします。
続けて右下の[新しいエフェクトレイヤー]ボタンをクリックして、[アーティスティック]から[カットアウト]を選択して右図のように適用し、輪郭をラフにします。

［ぎざぎざのエッジ］の設定　　　　［カットアウト］の設定

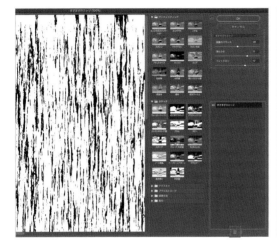

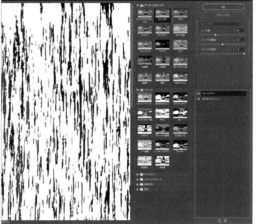

"" ━━━━━━ 白い部分に木版のテクスチャを重ねる ━━━━━━ ""

STEP 08　一時的にテクスチャのレイヤーを非表示にし、選択範囲メニュー→"色域指定"を選択します。ダイアログでのスポイトで画像の黒い部分をクリックして選択範囲を作成します。

黒い部分の選択範囲が作成される

絵画・イラスト風の加工

STEP
09　さらに、選択範囲メニュー→ "選択範囲を変更" → "拡張" で［拡張量：50pixel］を適用し、選択範囲を広げます。

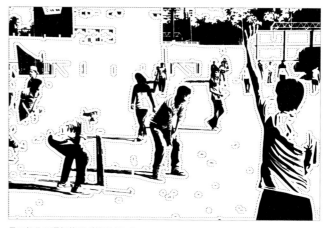

黒い部分の選択範囲が拡張される

STEP
10　作成した選択範囲をcommand〔Ctrl〕+shift+Iキーで反転させます。

STEP 07で作成した木版のテクスチャレイヤーを選択し、レイヤーパネル下部の［レイヤーマスクを追加］ボタンをクリックすると、黒い部分がマスクされて白い部分にテクスチャが合成されます。

黒い部分にはテクスチャが合成
されていない

レイヤーマスクで
テクスチャの表示
範囲を限定

デザインの
ネタ帳
CHAPTER 1
CHAPTER 2
CHAPTER 3
CHAPTER 4
CHAPTER 5

STEP
11
レイヤーメニュー→ "新規調整レイヤー" → "2階調化" を選択し、
プロパティパネルで下図のように設定し、テクスチャの出方を調
整して完成です。

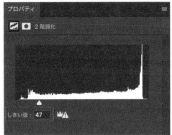

完成した木版調の画像

— VARIATION —

カラーの木版画風にする

完成した画像から選択範囲メニュー→ "色域指定"
で黒い部分のみの選択範囲を作成します。
STEP 02の画像を複製してレイヤーの一番上に配
置します。作成した選択範囲でレイヤーマスクを適応
します。
さらに新規調整レイヤーで [トーンカーブ] を適用
し、色を明るくしてカラーの版画風画像の完成です。

トーンカーブで明るくして完成したカラーバージョン

黒の選択範囲をSTEP 02 　　選択範囲をマスクする
の画像に適用

CHAPTER 3

06

写真とパターンを組み合わせる

画像の陰影でパターン分けを行い、写真をグラフィカルに表現します。陰影などを利用して、選択範囲を作成、セグメントしていくことで余分な手間を省くことができます。

制作ポイント

➡ 陰影でセグメントする

➡ 画像の色味をパターンに寄せる

➡ 画像にあわせてパターンのサイズを調整

制作・文 永樂雅也

使用アプリケーション

Photoshop CC 2022

絵画・イラスト風の加工

"━━━━━━ パターンを作成する ━━━━━━"

STEP 01 はじめに、使用するパターンを作成します。

今回は100×100pixelのアートボードを作成し、背景を透明にしておきます。
続けて、長方形選択ツールで左端から画角の半分のところまでの選択範囲を作成し、黒色に塗りつぶします。

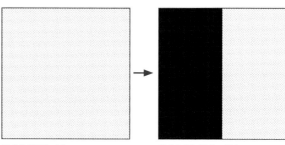

背景を透明にする　　　　　　　半分を黒に塗りつぶす

STEP 02 編集メニュー→ "パターンを定義" を選択し、パターンとして登録します。ここでは「stripe」という名前で保存します。

STEP 03 次に、STEP 01のレイヤーは非表示にした状態で新規透明レイヤーを作成します。楕円形選択ツールで70×70pixel程度の正円の選択範囲を作成します。

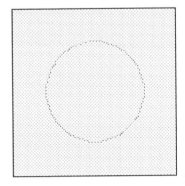

正円の選択範囲を作成

STEP 04 レイヤーパネル下部の [塗りつぶしまたは調整レイヤーを新規作成] ボタンから [グラデーション] を選択します。
「グラデーションで塗りつぶし」ダイアログの [グラデーション] をクリックすると [グラデーションエディター] が表示されるので、プリセットの [グリーン] にある [緑_15] を設定します。[OK] をクリックして、グラデーションの正円を作成します。

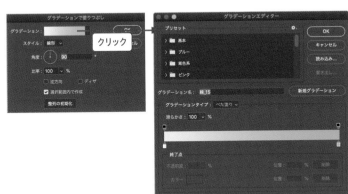

グラデーションで塗りつぶす

STEP 05 さらに、STEP 02と同様に、編集メニュー→ "パターンを定義" を選択し、「circle」という名前のパターンとして登録します。

" ━━━━━━ パターンを適用する選択範囲を作成する ━━━━━━ "

STEP
06　加工する元の画像を開きます。

絵画・イラスト風の加工

STEP
07　レイヤーメニュー
→"新規調整レイ
ヤー"→"トーンカーブ"を
選択し、プロパティパネルで
［レッド］と［RGB］を下図
のようにカーブを設定して、
青方向の画像に調整します。

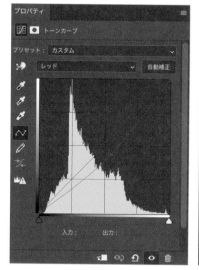

レッドのカーブを下げて青みを増す

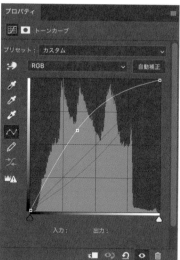

RGBのカーブを持ち上げて全体を明るめにする

トーンカーブで調整した結果

STEP
08 command〔Ctrl〕+option〔Alt〕+shift+Eキーで現在の状態の画
像のレイヤーを作成します。続けて、選択範囲メニュー→"空を選択"を
選択し、空部分の選択範囲を作成します。

空が選択された状態

絵画・イラスト風の加工

STEP 09 command〔Ctrl〕+shift+Iキーで選択範囲を反転し、街の部分が選択された状態にします。さらにcommand〔Ctrl〕+Jキーで選択されている街の部分を複製します。

街の部分だけのレイヤーを作成

選択範囲を反転させて街が選択されている状態にする

STEP 10 STEP 09で作成した街のみのレイヤーを選択した状態で、選択範囲メニュー→"色域指定"を選択します。ダイアログのスポイトでビルのシャドウ部分をクリックし、図のような選択範囲を作成します。

街のシャドウ部分が選択された

デザインのネタ帳

CHAPTER 1
CHAPTER 2
CHAPTER 3
CHAPTER 4
CHAPTER 5

STEP
11 一旦、選択範囲を保持するために、レイヤーパネルの下部にある［新規レイヤーを作成］ボタンをクリックして新たに透明レイヤーを作成します。
さらに［レイヤーマスクを追加］ボタンをクリックして、選択範囲をレイヤーマスクとして保存しておきます。

STEP
12 次に、再度STEP 09で作成した街のみのレイヤーを選択し、選択範囲メニュー→"色域指定"を選択します。今度はビルの中間色と思われる部分をスポイトでクリックし、選択範囲を作成します。STEP 11と同様に選択範囲をレイヤーマスクとして保存します。
これで街のシャドウ部分と中間色部分の2種類の選択範囲が作成できました。

街の中間色部分が選択された

作成した選択範囲をレイヤーマスクで保存

" パターンを適用する "

STEP
13
レイヤーパネル下部の［塗りつ
ぶしまたは調整レイヤーを新
規作成］ボタンから［グラデーションマッ
プ］を選択します。
グラデーションバーをクリックして、「グラ
デーションエディター」ダイアログでグラ
デーションを右図のように作成します。
元画像の明暗に合わせてグラデーショ
ンが適用されます。

グラデーションエディターで使用するグラデーショ
ンを作成

位置：0％　　／カラー：#3551a4
位置：50％　／カラー：#2c8ec4
位置：100％／カラー：#31cdb0

グラデーションマップが適用された状態

STEP
14
STEP 11で作成したシャドウ部分のレイ
ヤーをcommand〔Ctrl〕キーを押しな
がらクリックして選択範囲を作成し、レイヤーパネ
ル下部の［塗りつぶしまたは調整レイヤーを新規
作成］ボタンから［パターン］を選択します。
ダイアログで、STEP 02で定義したパターンを選
択し、［角度］と［比率］右図のような設定にして
［OK］をクリックします。

クリックして定義したパターンを選択

絵画・イラスト風の加工

街のシャドウ部分を選択

選択部分にパターンが適用される

STEP
15 作成したパターンレイヤーをスマートオブジェクトに変換します。レイヤー
パネルメニューで［スマートオブジェクトに変換］を選択します。

CHAPTER 1

CHAPTER 2

CHAPTER 3

CHAPTER 4

CHAPTER 5

デザインの
ネタ帳

STEP
16 ▷　レイヤーパネル下部の［レイヤースタイルを追加］ボタンから［グラデーションのオーバーレイ］を選択します。図のような設定でパターンに色をつけます。

プリセットの［紫系］から
［紫_20］を選択

絵画・イラスト風の加工

パターンが着色される

STEP 17 同様に、中間色部分にもパターンを適用します。STEP 12で作成した選択範囲が点滅した状態で、レイヤーパネル下部の［塗りつぶしまたは調整レイヤーを新規作成］ボタンから［パターン］を選択します。

STEP 02で定義したパターンを選択し、ここでは STEP 14とは異なる［角度］にしています。

街の中間色部分を選択

選択部分にパターンが適用される

STEP
18 > STEP 15と同様に、作成したパターンレイヤーをスマートオブジェクトに
変換し、レイヤー効果を加えます。

レイヤーパネル下部の［レイヤースタイルを追加］ボタンから［グラデーションのオー
バーレイ］を選択します。図のような設定でパターンに着色します。

プリセットの［オレンジ］から
［オレンジ_10］を選択

絵画・イラスト風の加工

パターンが着色される

STEP
19 同様に、空にもSTEP 05で作成したパターン
を適用します。

STEP 09で作成した街の部分のレイヤーをcommand
〔Ctrl〕キーを押しながらクリックして選択範囲を作
成し、command〔Ctrl〕+Iキーで反転して空を選択
します。レイヤーパネル下部の［塗りつぶしまたは調整
レイヤーを新規作成］ボタンから［パターン］を選択、
STEP 05で定義したパターンを選択して適用します。

空にパターンが着色される

STEP
20 さらに、レイヤーパネルで描画モードを［ソフトライト］に変
更します。

描画モードを［ソフトライト］に変更

STEP
21 最後にレイヤーメニュー→"新規調整レイヤー"→"レベル補正"
で、下図のように全体のコントラストを調整して完成です。

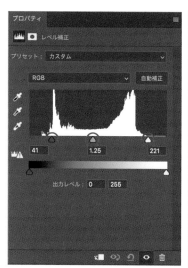

コントラストを調整して完成

O MEMO

写真に合わせて、色やパターンのサイズを変えることで、もっとわかりやすくグラフィカルな画像にすることがで
きます。作例ではわりと細かい画像を元に制作を進めましたが、同じ町並みでも、もっと対象をアップに撮影した
写真（例えば、1つのビルにフォーカスした画像など）を用いるなどして、グラフィックパターンを使用できる面積
を大きくしてみるとよいでしょう。

07
缶コーヒーのイラスト風に加工する

写真を某缶コーヒーのイラスト風に加工していきます。2階調化とぼかし、トーンカーブを使うだけの簡単加工です。

写真素材（ぱくたそ）https://www.pakutaso.com/20190801218post-22454.html

制作・文 コネクリ

使用アプリケーション
Photoshop CC 2022

制作ポイント

➡ 「被写体を選択」を使って人物を切り抜く

➡ 2階調化とぼかし、トーンカーブでイラスト風に加工する

➡ グラデーションマップで着色する

❝ ━━━━━━ 写真を用意してべた塗りの背景を配置する ━━━━━━ ❞

STEP 01 こちらの写真を元に加工していきます。カンバスサイズは「横：2160 px」×「縦：1440 px」です。

元画像は「ぱくたそ」よりダウンロードしてください
（ https://www.pakutaso.com/20190801218post-22454.html ）

STEP
02

調整レイヤーの［べた塗り］を使って背景を2枚作成します。
レイヤーパネル下部の［塗りつぶしまたは調整レイヤーを新規作成］ボタンから［べた塗り］を選択します。

カラーピッカーで1枚目は黒（#000000）で設定します。同様に［べた塗り］をもう1枚作成し、2枚目は白（#ffffff）とします。

［べた塗り］のレイヤー名は黒を「bg_01」、白を［bg_02］として「photo」レイヤーの下に配置します。

── 白のべた塗りレイヤー
── 黒のべた塗りレイヤー

" ━━━━━━━━ 人物を切り抜いて白黒に加工する ━━━━━━━━ "

STEP
03

人物を切り抜きます。
選択範囲メニュー→"被写体を選択"を選択すると、人物に沿って選択範囲が作成されます。

レイヤーパネルの「photo」レイヤーを選択して下部の［レイヤーマスクを追加］ボタンをクリックしてマスクをかけます。

人物の選択範囲
を作成

［レイヤーマスクを追加］

背景をマスク

STEP **04** レイヤーパネル下部の［塗りつぶしまたは調整レイ ヤーを新規作成］ボタンから［2階調化］を選択します。プロパティパネルで［しきい値：160］に設定します。

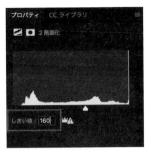

[2階調化]で白黒にする

STEP **05** レイヤーを統合します。 レイヤーパネルの「2階調化」、「photo」、[bg_02]レイヤーを選択して、command〔Ctrl〕＋Eキーでレイヤーを結合します 結合レイヤーのレイヤー名は「set」とします。

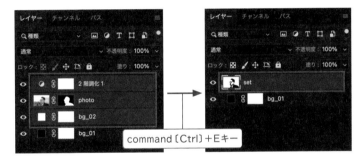

STEP **06** 「set」レイヤーをぼかします。フィルターメニュー →"ぼかし"→"ぼかし（ガウス）"を選択します。 「ぼかし（ガウス）」ダイアログで［半径：8.5 pixel］に設定します。

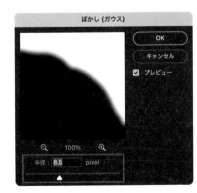

[ぼかし（ガウス）]を適用

CHAPTER 1
CHAPTER 2
CHAPTER 3
CHAPTER 4
CHAPTER 5

STEP 07

ぼかした画像をトーンカーブでシャープにします。
レイヤーパネル下部の［塗りつぶしまたは調整レイヤーを新規作成］ボタンから［トーンカーブ］を選択します。プロパティパネルで下図のように設定します。

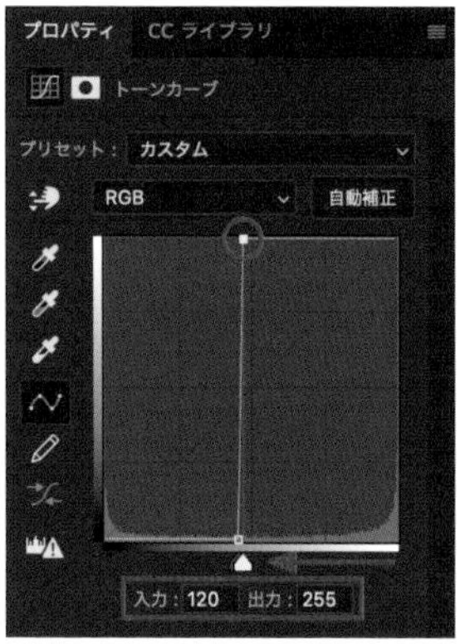

白色点スライダーを左に移動
［入力：120　出力：255］

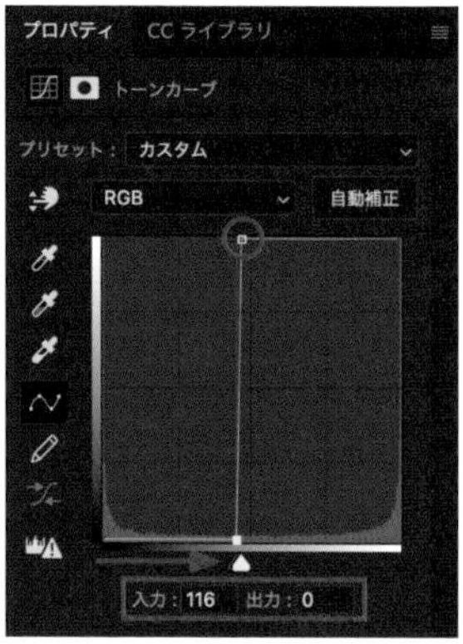

黒色点スライダーを右に移動
［入力：116　出力：0］

［トーンカーブ］で画像をシャープにする

背景を演出する

STEP 08

楕円形ツールで円を作ります。カンバスをクリックして［楕円を作成］ダイアログで［幅：1300 px］、［高さ：1300 px］に設定します。レイヤー名は「bg_03」とします。ここでは見やすいよう［塗り：赤，線：なし］にしています。

STEP 09

command〔Ctrl〕＋Aキーでカンバスすべてを選択範囲にします。
移動ツールを選択し、オプションバーの［水平方向中央揃え］と［垂直方向中央揃え］を選択して円を縦横中央に配置します。
配置後、command〔Ctrl〕＋Dキーで選択を解除します。

デザインの
ネタ帳

CHAPTER 1
CHAPTER 2
CHAPTER 3
CHAPTER 4
CHAPTER 5

STEP 10　「bg_03」レイヤーを「set」レイヤーの下に移動し、「set」レイヤーを「bg_03」レイヤーでクリッピングします。

対象レイヤーとその下のレイヤーの間をoption〔Alt〕キーを押しながらクリックすると、クリッピングマスクが作成されます。

さらに、「bg_03」レイヤーのサムネールをダブルクリックして塗りを白にします。

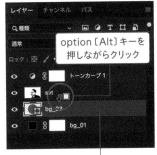

「set」レイヤーの下に移動

クリッピングマスクを作成

「bg_03」レイヤーの塗り色を白にする

白い円が人物の背景に配置される

STEP 11　人物の服の部分をマスクして消します。

「set」レイヤーを選択した状態でレイヤーパネル下部の［レイヤーマスクを追加］ボタンをクリックして「set」レイヤーにマスクを追加します。

「set」レイヤーのレイヤーマスクサムネールを選択し、描画色は黒でブラシツールを選択して人物の服にマスクをかけます。

レイヤーマスクを追加して服の部分をマスク

服の部分を黒のブラシツールでマスクする

STEP 12　グラデーションマップで着色して仕上げます。
レイヤーパネル下部の［塗りつぶしまたは調整レイヤーを新規作成］ボタンから［グラデーションマップ］を選択します。プロパティパネルでグラデーションバーを選択し、「グラデーションエディター」ダイアログでカラー分岐点を図のように設定します。これで完成です。

絵画・イラスト風の加工

分岐点の設定（カラー，不透明度，位置）：
①#1b1e3d, 100%, 0%
②#ede4c3, 100%, 100%

着色して完成

ペンツールなどでパイプを追加するとさらにそれらしくなる

CHAPTER 4

さまざまな世界観を
つくる

雨の風景をドラマチックに仕立てる

雨の降る街並みの写真に、雨粒のついた窓ガラスのような加工を加えることで、さらにドラマチックに仕上げます。雨が降っていない写真でも、雨上がりのような雰囲気を作ることができるなど、応用することで表現の幅が広がります。

制作ポイント

➡ ブラシの設定の調整で雨粒の形を再現

➡ レイヤースタイルの［ベベルとエンボス］で立体感を表現

➡ グレーのグラデーションを重ねることでガラス窓の反射を表現

制作・文 遊佐一弥

使用アプリケーション

Photoshop CC 2022

さまざまな世界観をつくる

" ——————— 写真を用意する ——————— "

STEP
01

雨の日に撮影した写真を用意します。雨が降っていない写真でもかまいませんが、夜のシーンや日光の強くない写真の方がよりそれらしく仕上がります。

" ブラシで雨粒を描画する "

STEP 02　STEP 01で用意した画像の上に新規レイヤーを追加し、描画色をグレーに設定したブラシツールを使って雨粒の形を描きましょう。

ブラシ設定パネルでブラシ先端の調整や［散布］などでランダムな描画ができるようにしておくと、手早く描くことができます。ここでは下図のように設定しています。

① ［ブラシ先端のシェイプ］で雨粒の形を設定します。
　［角度：-83°］、［真円率：70％］として楕円形に少し傾きをかけています。

② ［シェイプの設定］では、［サイズのジッター］を大きくすることで、大小まばらにしています。

③ ［散布］で［散布］、［数］を調整して広い範囲に散りばめられるようにしています。

ブラシツールで描画した雨粒

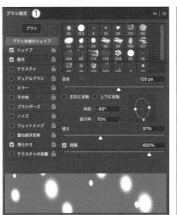

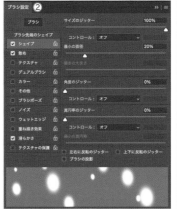

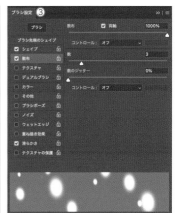

ブラシツールで複数回描くときは、その都度新規レイヤーを追加しておくと、後から調整がしやすくなります。

複数の雨粒を描写したレイヤーは、レイヤーグループにまとめておきましょう。shiftキーを押しながら雨粒のレイヤーを複数選択した状態で、レイヤーパネルのメニューから［レイヤーからの新規グループ］を選択すると、グループを作成することができます。

—— 雨粒のレイヤーを分けてグループにまとめた

—— ここをクリックしてグループにすることもできる

雨粒と窓ガラスの効果を追加する

STEP **03** STEP 02で描いた雨粒にレイヤー効果の［ベベルとエンボス］を適用します。
雨粒のレイヤーを選択し、レイヤーメニュー→"レイヤースタイル"→"ベベルとエンボス"を選択します。
「レイヤースタイル」ダイアログで、深さやサイズ、陰影部分の角度や光沢輪郭などを調整して雨粒らしく見えるように調整します。

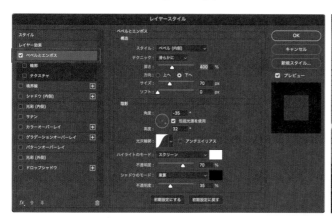 

STEP **04** ガラス面の再現のためにレイヤーメニュー→"新規塗りつぶしレイヤー"→"グラデーション"を選択し、グレーがだんだん薄くなるようなグラデーションを作成します。
レイヤーの描画モードを［スクリーン］にして［不透明度：70％］に下げて中間値の設定を追加し、ガラスの反射のような状態を再現します。

使用したグラデーションの設定

作成したグラデーション

グラデーションレイヤーを重ねてガラス窓を表現
（雨粒は非表示にした状態）

STEP
05 雨粒のレイヤーグループの各レイヤーの描画モードも [乗算] に変更し、[不透明度] は30〜40％くらいに下げて、より雨粒らしく見えるように調整して完成です。

完成画像

> ○   **MEMO**
>
> 雨粒を1つのレイヤーにまとめず複数のレイヤーに分けて作成することで、後から不透明度の変更や移動、拡大・縮小などが調整しやすくなります。

デザインの
ネタ帳

CHAPTER 1
CHAPTER 2
CHAPTER 3
CHAPTER 4
CHAPTER 5

晴れた日の写真を雪景色に

晴れた日の風景写真でもPhotoshopでのフォトレタッチやブラシのテクニックを使って雪景色に変えることができます。雪の大きさや吹雪の具合、気温の低さの表現など、好みの悪天候表現が自由自在です。ここでは鳥が一休みする鴨川に雪を降らせます。

制作ポイント

➡ 悪天候の空気感をレベル補正、グラデーションで表現

➡ ブラシ設定で雪の柔らかさやランダム性を表現

➡ ブラシの描画の大きさやぼかし具合で遠近感をプラス

使用アプリケーション

Photoshop CC 2022

制作・文 遊佐一弥

さまざまな世界観をつくる

" ━━━━━━━━━ 写真を用意する ━━━━━━━━━ "

STEP 01 雪を降らせたい風景写真を用意します。奥行きのある写真の方が、雪やモヤのある空気感を表現しやすくなります。

デザインの
ネタ帳

CHAPTER 1

CHAPTER 2

CHAPTER 3

CHAPTER 4

CHAPTER 5

雪の空気感を作り出す

STEP **02** ［塗りつぶしまたは調整レイヤーを新規作成］ボタンから［レベル補正］を選択します。プロパティパネルで［レベル補正］の出力値のハイライトとシャドウの値をそれぞれ内側に少し寄せてコントラストを低くし、ややぼんやりした状態にします。

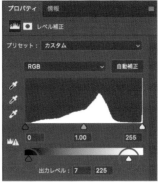

コントラストを下げてぼんやりした印象にする

STEP **03** 下から上に向かって立ち上る白いモヤを再現します。
［塗りつぶしまたは調整レイヤーを新規作成］ボタンから［グラデーション］を選択します。薄いグレーから白のグラデーションレイヤーを追加してレイヤーの不透明度を下げておきます。
これでうっすらと向こうに見える岸の雰囲気が出てきました。

グラデーションをかけてモヤを演出

STEP **04**　川岸の向こうがぼんやりとして見えるように、川岸のあたりに選択範囲を作成した状態で、STEP 03と同様に新規グラデーションレイヤーを作成し、選択範囲内で透明→白→透明となるようグラデーションを作成します。

［不透明度］は30％程度にしておきます。

さらに選択範囲内にグラデーションをかける

STEP **05**　全体に雪を描き足していきます。新規レイヤーを作成し、ブラシツールを使って、降っている雪の様子を描きましょう。

ソフト円ブラシやはねブラシなど、ブラシ設定をいろいろと変えることで、雪の表現が可能です。

優しく降る様子の場合は丸く、吹雪のような強い雪の場合は少し長めの形や角度をつけるとよいでしょう。

それぞれのレイヤーの描画モードや不透明度を変えながら複数のレイヤーにて描き足していき、フィルターの［ぼかし（ガウス）］をかけることで雪で奥行きを表現することが可能になります。

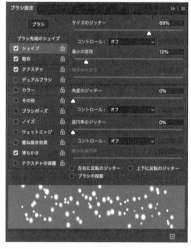
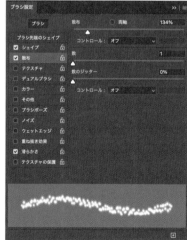

ブラシの設定例

さまざまな世界観をつくる

ブラシの種類やぼか
しを変更しながら雪
を描画

雪を描画したレイヤーを複数作成して、描画
モードや不透明度を調整

06 ［塗りつぶしまたは調整レイヤーを新規作成］ボタンから［自然な彩度］
を選択します。
全体の彩度を下げ、建物の屋根や川岸などに積もる雪も書き足したら完成です。

彩度を下げて完成

CHAPTER 4 03

古いジャズのレコードジャケット風に

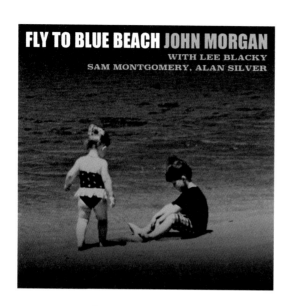

FLY TO BLUE BEACH JOHN MORGAN
WITH LEE BLACKY
SAM MONTGOMERY, ALAN SILVER

制作・文 内藤孝彦

1950〜60年代はジャズの黄金期と呼ばれています。数々の名盤が生まれ、熱狂的に支持されましたが、その理由の1つにジャケットのデザインも上げられます。クールなモノクロ写真、色使いや文字の配置など、思わず真似したくなるポイントがあります。

制作 ポイント

➡ 画像をモノクロ化してハイコントラストに

➡ 色を1色重ねてジャズ黄金期のテイストを表現する

➡ 正方形にトリミングし、文字を配置する

使用アプリケーション

Photoshop CC 2022

さまざまな世界観をつくる

写真を用意してモノクロにする

STEP
01
元画像を開きます。
少しピンぼけ気味にしたいので、フィルターメニュー→"ぼかし"→"ぼかし（ガウス）"を選択し、[半径：2.0pixel]に設定します。

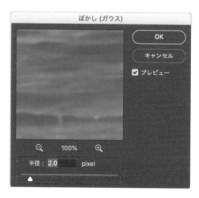

デザインの
ネタ帳

CHAPTER 1
CHAPTER 2
CHAPTER 3
CHAPTER 4
CHAPTER 5

元画像（一部拡大）

［ぼかし（ガウス）］適用後

STEP 02 モノクロにします。
色調補正パネルから
［白黒］を選択します。
画像を確認しながらスライダー
をドラッグしてモノクロにします。
ここでは、肌が明るく、服が暗
く、背景もやや暗くなるように設
定しました。

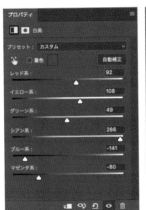

モノクロにする

STEP 03 続いてコントラストを
強くします。
色調補正パネルから［トーン
カーブ］を選択します。画像を
確認しながら、カーブをS字型
にして、暗い部分をより暗く、明
るい部分をより明るくします。

コントラストを上げる

"" ━━━━━━━━━━━━━━ フィルムの質感と色を追加する ━━━━━━━━ ""

STEP
04
フィルムのような質感を追加します。レイヤーメニュー→"画像を統合"を選択し、複数のレイヤーを1つにします。

フィルターメニュー→"フィルターギャラリー"を選択し、[テクスチャ]で[粒状]をクリックします。

[密度：45]、[コントラスト：50]、[粒子の種類：ソフト]に設定して、[OK]をクリックします。

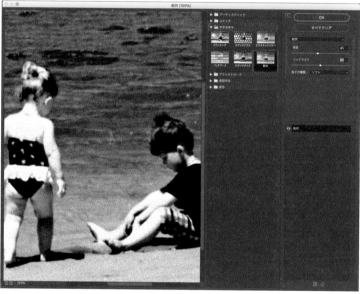

STEP
05
色を設定します。ツールパネルの描画色をクリックし、[カラーピッカー（描画色）]から色を選びます。ここでは[R：101]、[G：181]、[B：217]としました。

[スウォッチに追加]ボタンをクリックし、ダイアログボックスで[名前]を設定して[OK]をクリックすれば、スウォッチパネルに登録されます。

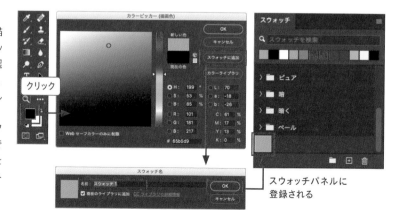

スウォッチパネルに
登録される

STEP **06** レイヤーパネルの右下にある［新規レイヤーを作成］ボタンをクリックします。ツールパネルで描画色がSTEP 05で設定した色になっていることを確認して、編集メニュー→"塗りつぶし"を選択します。

ダイアログで［内容：描画色］にして［OK］をクリックすると、画像全体が塗りつぶされます。レイヤーパネルで描画モードを［乗算］にします。

描画色をSTEP05で登録した色にしておく

STEP **07** 画像の下部を暗くします。
レイヤーパネルの右下にある［新規レイヤーを作成］ボタンをクリックしてレイヤーを追加し、描画モードを［乗算］にします。ツールパネルで［描画色：黒］［背景色：白］に設定し、グラデーションツールを選択します。オプションバーで黒から白へのグラデーションになっていることを確認し、［線形グラデーション］をクリックします。画面の下から上へドラッグします。何度もやり直せるので、気に入った状態になるまで試しましょう。

線形グラデーション

黒から白へのグラデーション

グラデーションツールのオプションバー

下部にグラデーションを作成

STEP
08 画像の上部を暗くし、文字を配置するスペースを作ります。
STEP 07と同様に新規レイヤーを作成し、描画モードを［乗算］
にします。グラデーションツールで上から下へドラッグします。
暗くなり過ぎる場合はレイヤーパネルの［不透明度］を調節します。

上部にグラデーションを作成

" ━━━━━━━━━━ 正方形にして文字を入れる ━━━━━━━━━━ "

STEP
09 画像を正方形にします。切り抜きツールを選択し、escキーを押し
ながら画像をクリックします。続いてshiftキーを押しながら画面
上をドラッグし、return〔Enter〕キーを押します。

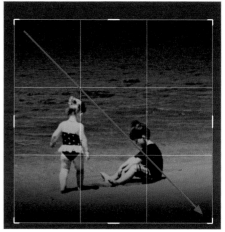

切り抜きツールを選択すると全体が選択されるので、一度escキーを
押しながらクリックして選択を解除する

shiftキーを押しながらドラッグ

STEP
10 タイトル文字を入力します。

まず表示メニュー→ "表示・非表示" → "スマートガイド" にチェックがついていることを確認します。

横書き文字ツールを選択し、画像上をクリックして文字を入力し、サイズやフォントなどを設定します。オプションバーの［テキストカラーを設定］をクリックして文字を白にします。

移動ツールを選択し、文字を配置したい場所へドラッグします。例えば、水平方向の中央に配置する場合は、ガイドが表示されるので正確に配置することができます。

クリックして文字色を変更

横書き文字ツールのオプションバー

横書き文字ツールでタイトルを入力

文字色を白にして移動ツールで上に移動

STEP
11
一部の文字の色を変更します。
横書き文字ツールで色を変更したい文字を
ドラッグして、STEP 05でスウォッチに登録した色をク
リックし、オプションバーの右側にある［確定］ボタン
をクリックします。
別の文字を入力、設定する場合は、STEP 10以降の
作業を繰り返します。

［確定］ボタン

色を変更したい文字を選択

スウォッチに登録した色に変更

色は全体の雰囲気を左右する重要な要素です。作例
はジャズの定番の青系にしましたが、赤や緑と色を変
えるだけで印象がガラリと変わります。自分の表現し
たいイメージにふさわしい色を探してみましょう。

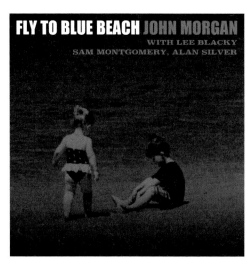

色を変えることで印象が変わる

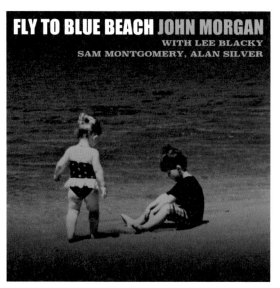

文字を追加して完成

さまざまな世界観をつくる

CHAPTER 4
04

ヴィンテージ感のあるトイカメラ風の写真

Camera Rawフィルターを用いて簡単にトイカメラ風に調整できます。露光量や色調の変化を調整し、質感を変えていきます。Camera Rawフィルターを使用すると、それらの調整を連続して行うことができます。

制作・文　永樂雅也

使用アプリケーション
Photoshop CC 2022

制作ポイント

➡ 全体的な色味を調整する

➡ シャドウとハイライトの色味を調整する

➡ レンズ効果を追加する

" 元画像を用意する "

STEP 01 元の画像を開きます。
レイヤーパネルメニューから［スマートオブジェクトに変換］を選択します。

スマートオブジェクトに変換する

" ━━━━━ Camera Rawフィルターで加工する ━━━━━ "

_{STEP}
02 フィルターメニュー→"Camera Rawフィルター"を選択します。
はじめに、[基本補正]タブで、全体的な色味を青・緑方向へ調整します。
ここでは[色温度]、[色かぶり補正]、[露光量]、[コントラスト]、[白レベル]、
[黒レベル]を下図のように設定しています。
さらに、[カラーグレーディング]タブで[シャドウ]を赤方向へ、[ハイライト]を水
色方向へ調整します。

さまざまな世界観をつくる

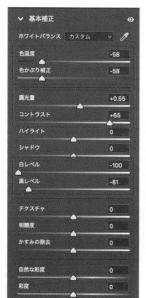
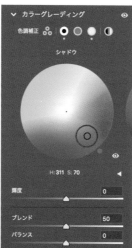

全体的な色味を青、緑傾向にする

シャドウの赤、ハイライトの青を強めた

デザインの
ネタ帳

CHAPTER 1
CHAPTER 2
CHAPTER 3
CHAPTER 4
CHAPTER 5

STEP 03 続けて［効果］タブを開き、［粒子］を全体的にプラスし、
［周辺光量補正］で写真の周りを暗くします。

全体にノイズを加えて
周囲を暗くする

STEP 04 設定が終わったら［OK］を
クリックしてCamera Raw
フィルターを完了します。
フィルター効果を適用したレイヤーを
command〔Ctrl〕＋Jキーで複製し
ます。
複製したレイヤーにフィルターメ
ニュー→"ぼかし"→"ぼかし（ガウ
ス）"を選択し、［半径：2.5 pixel］
にして少しぼかします。
最後に、レイヤーパネルで描画モード
を［比較（暗）］として下のレイヤー
と重ねて完成です。

ぼかしを加えた状態

描画モードを［比較（暗）］にして完成

05

退色したカラー写真

プリセットを使用して簡単に色調補正を行います。色の退色がどのような仕組みなのかを知ることによって、どのように質感を調整すればよいか、よりわかりやすくなります。

さまざまな世界観をつくる

制作・文 永樂雅也

使用アプリケーション
Photoshop CC 2022

制作ポイント
➡ 赤みを抑える
➡ ブラシツールで効果を加える
➡ プリセットを活用する

❝ ———— 写真を用意して色味を調整する ———— ❞

STEP 01
元画像を開き、レイヤーメニュー→"新規調整レイヤー"→"特定色域の選択"を選択します。
プロパティパネルで［レッド系］、［イエロー系］、［白色系］を調整します。
紫外線による退色は、主に赤色、黄色が影響を受けるので、そのことを意識して調整します。

元画像

赤みを抑える

" ブラシとプリセットで効果を加える "

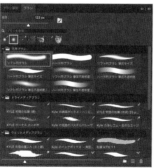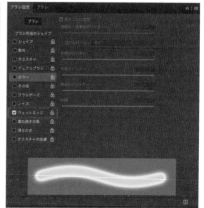

STEP
02 次に、新規透明レイヤーを作成して、写真のシミを描画します。
ツールパネルからブラシツールを選択し、ブラシパネルで［汎用ブラシ］の［ソフト円ブラシ］を選択します。
さらにブラシ設定パネルで［ウェットエッジ］にチェックをいれます。

STEP
03 ツールパネルで描画色をオレンジに設定し、STEP 02で設定したブ
ラシで、オプションバーの［モード］を［覆い焼き（リニア）-加算］
にします。このブラシで端のほうからラフに塗っていきます。
描画モードを［覆い焼き（リニア）-加算］とすることで、重ねて塗った部分が
明るくなっていき、より自然なシミのような質感を作成することができます。

ブラシツールのオプションバー

描画色をオレンジに設定

ブラシで描画。重ねて塗った部分は明るくなる

STEP
04 作成したシミのレイヤーの描画モードを［覆い焼き（リニア）-加
算］、［不透明度：80％］にしてなじませます。

シミを自然になじませる

さまざまな世界観をつくる

STEP
05 ここで、レイヤーメニュー→"新規調整レイヤー"→"色相・彩度"を
選択します。
プロパティパネルでプリセットの中から［オールドスタイル］を適用し、写真全
体を色あせた雰囲気に調整します。

色あせた雰囲気を演出

STEP
06 次に、レイヤーメニュー→"新規調整レイヤー"→"レベル補正"を
選択し、プロパティパネルで黒の出力レベルを弱めます。

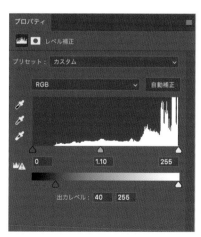

黒を弱めて退色した感じを演出

さまざまな世界観をつくる

STEP 07 次に、レイヤーメニュー→"新規調整レイヤー"→"レンズフィルター"を選択します。プロパティパネルのプリセットから［Deep Yellow］を適用して、全体的に黄色みを足して完成です。

黄色みを足して完成

VARIATION

メルヘンな世界観をつくり出す

バリエーションとして、少しメルヘンな世界観を作成します。
STEP 02でブラシ設定で［カラー］を追加し、さらに、描画色と背景色を図のように設定します。STEP 03と同様の設定で新規レイヤーを塗っていき、最後にレイヤーの描画モードを［比較（明）］に変更して完成です。

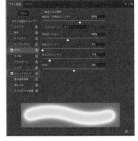

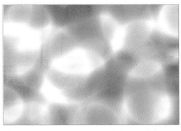

左図のブラシと描画色/背景色の設定で描画

描画色

背景色

描画モードを［比較（明）］にして完成

CHAPTER 4
06
トイカメラで撮影した虹色の非日常的な風景

トイカメラの面白さは、撮影者が意図しないボケ方や色彩が偶然発生して、日常とかけ離れた不思議な写真が撮れる点です。Photoshopでありふれた風景写真を、チープでポップな魅力溢れるトイカメラで撮影したような写真へ加工してみます。

制作・文 内藤孝彦

使用アプリケーション
Photoshop CC 2022

制作ポイント

➡ 被写体にピントが合い、周辺を極端にぼかす

➡ 非現実な色彩を追加してポップな雰囲気に

➡ フィルムカメラで撮影したようなザラザラ感を追加する

" ━━━━━━ 写真を用意してピントとぼかしを調整する ━━━━━━ "

STEP 01 元の画像を開きます。

STEP **02** まず、ぼかした画像を作成します。

レイヤーメニュー→"レイヤーを複製"を選択し、表示されるダイアログで［OK］をクリックします。

フィルターメニュー→"ぼかし"→"ぼかし（ガウス）"を選択し、［半径：6.0 pixel］に設定します。

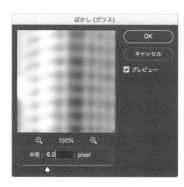

STEP **03** 被写体にピントが合っていて、その周囲を極端にボケたようにします。

レイヤーメニュー→"レイヤーマスク"→"すべての領域を表示"を選択し、レイヤーマスクを作成します。レイヤーマスクサムネールをクリックして選択し、［描画色：黒］、［背景色：白］にして、グラデーションツールを選択します。

オプションバーでグラデーションをクリックし、「グラデーションエディター」ダイアログで［描画色から背景色］を選択します。［円形グラデーション］をクリックし、画像の被写体から周辺へとドラッグします。

グラデーションツールのオプションバー

レイヤーマスクを作成しぼかしレイヤーの一部をグラデーションでマスク

グラデーションツールでドラッグしてマスクを描画

描画した部分がマスクされてピントが合った被写体が表示される

STEP 04 画像の四隅を暗くして「周辺減光」を再現します。
まず、レイヤーパネルで「背景のコピー」レイヤーのレイヤーサムネールをクリックし、フィルターメニュー→"レンズ補正"を選択します。ダイアログの［カスタム］をクリックし、［周辺光量補正］で［適用量：-100］、［中心点：+80］に設定して、［OK］をクリックします。

「レンズ補正」ダイアログ

`"` ━━━━━━━━━━━━━━━━━ トイカメラ風に加工する ━━━━━━━━━━━━━━━━━ `"`

STEP 05 画像を鮮やかな色彩にします。
色調補正パネルで [色相・彩度] をクリックし、プロパティパネルで [彩度：＋60] にします。

補正前

補正後

STEP 06 画像のコントラストを強調します。色調補正パネルで [トーンカーブ] をクリックし、プロパティパネルでカーブが緩やかなS字状になるように設定します。

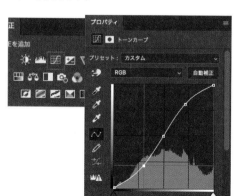

補正後

STEP 07　グラデーションを作成します。
グラデーションツールを選択し、オプション
バーで［クリックでグラデーションピッカーを開く］
をクリックして、パネルの右上をクリックして、［新規
グラデーションプリセット］を選択します。

「グラデーションエディター」ダイアログでカラー分
岐点をクリックし、［カラー］の右側のボックスをク
リックします。
「カラーピッカー（ストップカラー）」ダイアログで好
みの色彩を設定し、［OK］をクリックします。

「グラデーションエディター」ダイアログでグラデー
ションバーの下部をクリックしてカラー分岐点を追
加し、好みの色彩を設定します。
最後に［グラデーション名］を「レインボー」にして、
［新規グラデーション］をクリックしてプリセットと
して登録します。

カラー分岐点を追加し
カラーを設定する

CHAPTER 1
CHAPTER 2
CHAPTER 3
CHAPTER 4
CHAPTER 5

STEP 08 レイヤーメニューから
"新規"→"レイヤー"
を選択し、ダイアログボックスで
[OK]をクリックします。
グラデーションツールを選択し、
オプションバーで[線形グラデー
ション]をクリックし、画像上をド
ラッグしてグラデーションで塗り
つぶします。

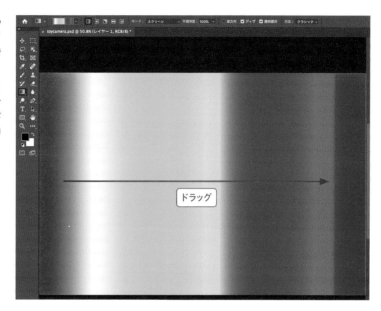

STEP 09 レイヤーパネルで描画モードを[オーバーレイ]
に設定し、[不透明度:50%]にします。

STEP 10 STEP 08と同様に新規レ
イヤーを作成し、編集メ
ニュー→"塗りつぶし"を選択し、ダ
イアログで[内容:ホワイト]にして
[OK]をクリックします。

STEP
11 フィルターメニュー →"フィルターギャラリー"を選択し、[テクスチャ]から[粒状]を選択します。[密度:70]、[コントラスト:80]、[粒子の種類:凝集]に設定し[OK]をクリックします。

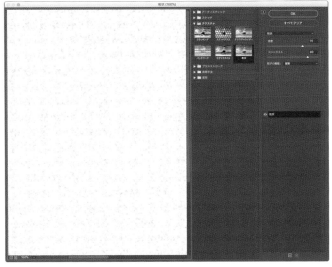

STEP
12 レイヤーパネルで「レイヤー2」を「背景のコピー」の上へ移動します。
「レイヤー2」の[不透明度]を設定します。画像にザラザラした粒子感が追加されるので、好みの数値に設定して完成です。

粒子の粗さが加わって完成

07

カラー写真を古い写真のように加工する

撮影された画像を、古い写真のように加工する方法を紹介します。新しく撮影した写真でもPhotoshopで加工を加えることで、レトロな雰囲気を演出することができます。

さまざまな世界観をつくる

制作・文 Photoshop Book

使用アプリケーション
Photoshop CC 2022

制作ポイント

➡ 色相やトーンを調整することで写真に雰囲気をもたせる

➡ ノイズを加えて汚れを演出する

➡ レイヤーの描画モードを使ってグランジ画像を合成する

" 写真を用意して色調を変える "

STEP 01 元となる写真を開きます。

STEP 02　まず、レイヤーパネル下部の［塗りつぶ
しまたは調整レイヤーを新規作成］ボタン
から［色相・彩度］を選びます。
プロパティパネルで［彩度］を「-40」に下げます。
これだけでもちょっと古い感じが出ました。

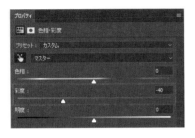

彩度を下げる

STEP 03　次に、レイヤーパネル下部の
［塗りつぶしまたは調整レイ
ヤーを新規作成］ボタンから［トーン
カーブ］を選びます。
トーンカーブのプロパティで［ブルー］
を選択し、ハイライト側は下げ、シャド
ウ側は上げます。
これにより、画像の白っぽく明るいとこ
ろには黄みがかかり（ブルーが減る＝
イエローが増える）、画像の黒っぽく暗
いところには青みがかかります。
続けて、同じトーンカーブの［レッド］
のシャドウ側も少し上げます。これによ
り、青みがかっていた画像の黒っぽく
暗いところに赤みがかかり、紫っぽくな
ります。
RGBモードにおける色の関係性は下
図を参考にしてください。

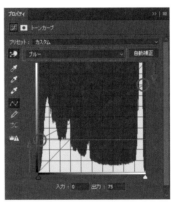

ブルー系の調整

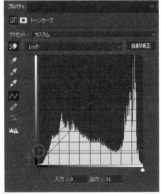

レッド系の調整

トーンカーブで［ブルー］と［レッド］を調整後

STEP
04
ここまででもだいぶ古そうな感じがしてきましたが、明暗のトーンがまだ
豊富な気がするので、階調を引き伸ばして、高精細さを削いでいきます。
同じトーンカーブのまま［RGB］に切り替えて、下図のように調整します。
ハイライトを下げつつ、シャドウを上げたのち、滑らかなトーンにコントラストをつけ
ることであえて階調を減らしています。

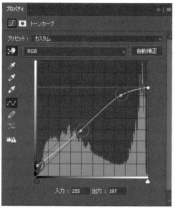

トーンカーブで［RGB］を調整後

STEP
05
それでは画像の周囲を暗
くしていきます。ツールパ
ネルから楕円形選択ツールを選ん
だら、option〔Alt〕キーを押しなが
ら画像の中心から外側に向かってド
ラッグします。図のような楕円になれ
ばOKです。
選択範囲を作り直したい場合は、
command〔Ctrl〕+Zキーで操作
を取り消すか、command〔Ctrl〕
+Dキーで選択範囲を解除してやり
直してください。

STEP
06
選択状態のままで、再度レ
イヤーパネル下部の［塗り
つぶしまたは調整レイヤーを新規作
成］ボタンから［トーンカーブ］を選
びます。

デザイン®
ネタ帳

CHAPTER 1

CHAPTER 2

CHAPTER 3

CHAPTER 4

CHAPTER 5

プロパティパネルで図のようにトーンカーブを下げて、選択範囲を暗くします。
選択範囲の外を暗くしたいので、レイヤーマスクサムネールをクリックしcommand
〔Ctrl〕＋Iキーでレイヤーマスクを反転します。そうすると反転された影響で周囲
が暗くなります。

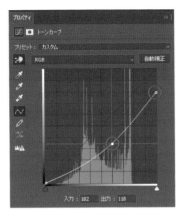

STEP
07

レイヤーマスクサムネール
を選んだまま、フィルターメ
ニュー→"ぼかし"→"ぼかし（ガウ
ス）"を選択し、レイヤーマスクをぼ
かします。
［半径：300 pixel］程度にして
［OK］をクリックします。
周囲を暗くしたトーンカーブは、自
由変形を使ってお好みでレイヤー
サイズを変えてください。ここでは
110%程度拡大しました。

ぼかしを
適用後

" ━━━━━━━━━━━ 写真にノイズとぼかしを加える ━━━━━━━━━━━ "

STEP
08 写真の表面に汚れを追加してより古い感じにしていきたいと思います。
画像にノイズを追加したいときに直接ノイズフィルタをかけると、「やっぱ
りノイズを取りたい」となったときに元に戻せません。ここもレイヤーを分けておく
と、後でやり直しがききます。

まずは、レイヤーパネルで背景
レイヤーの上に新規レイヤー
を作成します。
新規に作成されたレイヤー
を選んでいる状態で、編集メ
ニュー→"塗りつぶし"を選び
ます。「塗りつぶし」ダイアロ
グの設定画面で［内容：50％
グレー］にして［OK］をクリッ
クします。

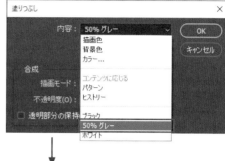

さらに、レイヤーパネルで描画
モードを［オーバーレイ］に切
り替えます。
描画モードが［オーバーレイ］
になっている50％グレーで塗
りつぶしたレイヤーは、「完全
に透けた状態」になります。

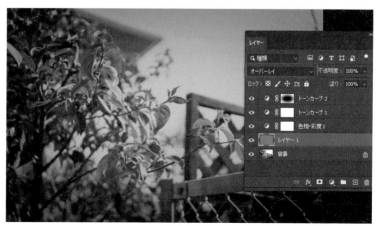

さ
ま
ざ
ま
な
世
界
観
を
つ
く
る

デザインの
ネタ帳

CHAPTER 1
CHAPTER 2
CHAPTER 3
CHAPTER 4
CHAPTER 5

STEP 09 50％グレーのレイヤーを選んだ状態でフィルターメニュー→"ノイズ"→"ノイズを加える"を選びます。

ノイズの量は「30％」にします。[グレースケールノイズ]はオフにします。これは単純にノイズに色をつけるかどうかの設定です。

ノイズの適用結果は下図のようになります。ノイズだけが元の画像に乗った状態です。

適用前（左）と
適用後（右）の
比較

STEP 10 ノイズがシャープすぎるので、少しぼかします。

フィルターメニュー→"ぼかし"→"ぼかし（ガウス）"を選択し、[半径：1 pixel]にして[OK]をクリックします。

ノイズのレイヤーは、レイヤー名を「ノイズ30ぼかし1.0」にしました。このようにレイヤー名にフィルターの数値をメモしておくのもおすすめです。

ノイズを少しだけ
ぼかす

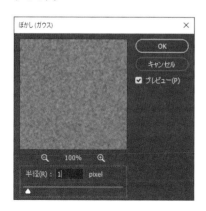

レイヤー名にフィルター
の数値を入れる

STEP **11** 元画像がシャープすぎると古い感じが出ないので、少しぼかしを加えておきます。

背景レイヤーをレイヤーパネル下部の［新規レイヤーを作成］ボタンにドラッグして複製します。フィルターメニュー→"ぼかし"→"ぼかし（ガウス）"を選択し、［半径：1 pixel］にして［OK］をクリックします。

背景のコピーを
少しぼかす

> ❝ ━━━━━━━ **グランジ素材を合成する** ━━━━━━━ ❞

STEP **12** 画像に汚れや傷がついているとさらに古い感じに見えそうですね。今回はオリジナルのグランジ（汚れ）素材画像を使います。

グランジ素材画像（グランジ.png）を開いたら、グランジ素材の方だけタブを下の方にドラッグしてウィンドウ状態に分離します。

使用するグラ
ンジ素材

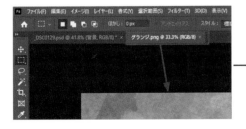

グランジ素材のウィンドウを分離する

さまざまな世界観をつくる

STEP
13 グランジ素材のウィンドウ
で移動ツールを選び、shift
キーを押しながら作成中のレイヤー
画像の方にドラッグします。
移動ツールのショートカットは
command〔Ctrl〕キーです。他の
ツール使用中でも（パス系のツール
を除く）、command〔Ctrl〕キーを
押している間は移動ツールになりま
す。
移動ツールでshiftキーを押しなが
らドラッグすることで、画像の中心に
ぴったり移動させることができるので
便利です。

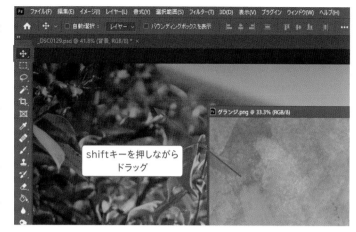

STEP
14 グランジ画像のウィンドウはもう必
要ないので閉じておきます。
グランジレイヤーは、レイヤーパネルでレイ
ヤーの一番上に移動します。
グランジレイヤーの描画モードを［オーバーレ
イ］に変更します。最後にグランジレイヤーが
強すぎたので、［不透明度：50％］にして完
成です。
汚れが入ってさらに古い雰囲気になったと思
います。今回はやりませんでしたが、グランジ
レイヤーの画像の明るさを調整して、かかり
具合を調整できるとベストです。

○   M E M O

レイヤーの描画モード
- ［スクリーン］はRGB（0,0,0）の黒が透明になる
- ［乗算］はRGB（255,255,255）の白が透明になる
- ［オーバーレイ］はRGB（128,128,128）のグレー
  が透明になる

これらを覚えておくと、レイヤーの描画モードを効果的に使
うことができます。

完成画像

ポラロイド写真風に加工する

写真をポラロイド風に加工する方法です。何気ない写真もインパクトを持たせ、ノスタルジックな雰囲気をプラスすることができます。複数枚使用することで全体にストーリー性を持たせることも可能なので、映画やドラマのポスターのビジュアルとして使用するのもよいでしょう。

制作・文 マルミヤン

使用アプリケーション
Photoshop CC 2021

制作ポイント

➡ 長方形ツールとレイヤースタイルでフレームを作成する

➡ 写真をトーンカーブでポラロイド風の色味に加工する

➡ ぼかしやノイズを加えてよりリアルな表現にする

" ポラロイドのフレームを作成する "

STEP 01 新規ファイルを作成します。ここでは1200×800pxにしました。新規レイヤーを作成して、長方形ツールで長方形を作成します。

長方形を作成

さまざまな世界観をつくる

STEP 02 長方形レイヤーを選択し、レイヤーパネル下部の［レイヤースタイルを追加］ボタンから［ベベルとエンボス］を選択して下図のように設定します。続けて［光彩（内側）］、［ドロップシャドウ］を選択し、それぞれ図のように設定します。

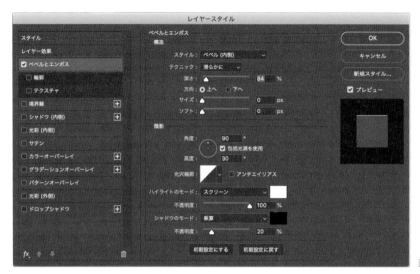

［ベベルとエンボス］の設定

［光彩（内側）］の設定

[ドロップシャドウ] の設定

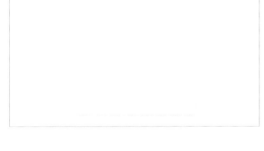

ポラロイドのフレームが完成

さまざまな世界観をつくる

―――――――――――― 写真の部分を加工する ――――――――――――

STEP
03　次に、ポラロイドの写真部分の加工を行います。元となる写真を用意して開きます。

使用する写真

デザインの
ネタ帳

CHAPTER 1

CHAPTER 2

CHAPTER 3

CHAPTER 4

CHAPTER 5

STEP
04 ツールパネルで切り抜きツールを選択し、オプションバーで［縦横比］の
プリセットを［1:1（正方形）］に設定します。
画像を回転させて、図のように写真を切り抜きました。

切り抜きツールのオプションバー

切り抜き後

切り抜きツールで使用する部分を囲んで回転

STEP
05 切り抜いた写真をSTEP 02で作成したファイル上に移動し、ポラロイドの
フレームレイヤーの上に大きさを調整して配置します。

切り抜いた写真をフレームの上に配置

STEP
06　写真のレイヤーを選択し、レイヤーパネル下部の［レイヤースタイルを追加］ボタンから［光彩 (内側)］を選択して下図のように設定します。

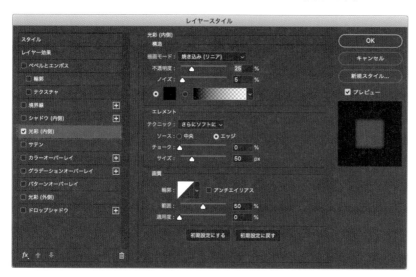

写真の周囲に黒い光彩を追加

STEP 07 調整レイヤーで写真をポラロイド風の色味に変更します。

写真のレイヤーを選択してから、レイヤーメニュー→ "新規調整レイヤー"→ "トーンカーブ" を選択します。「新規レイヤー」ダイアログの［下のレイヤーを使用してクリッピングマスクを作成］にチェックを入れて［OK］をクリックします。プロパティパネルでトーンカーブを下図のように設定します。［レッド］と［グリーン］はカーブをS字に、［ブルー］は逆S字に調整します。

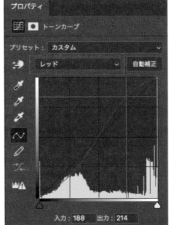

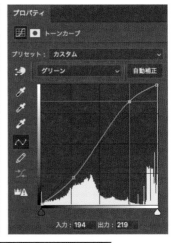

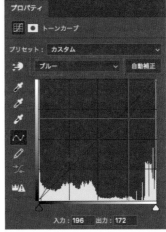

トーンカーブで調整後

STEP
08
写真のレイヤーをスマートオブジェクトに変換し、フィルターメニュー
→ "ぼかし" → "ぼかし（ガウス）" を選択します。ダイアログで［半径：0.5
pixel］に設定して、写真をぼかします。

さらにフィルターメニュー→ "ノイズ" → "ノイズを加える" を選択して、［量：2％］、
［ガウス分布］、［グレースケールノイズ］に設定してノイズを加えます。

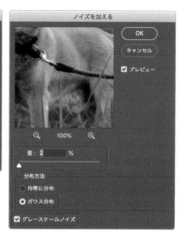

スマートオブジェクトに変換

ぼかしを加えた状態

ノイズを加えた状態

さまざまな世界観をつくる

STEP 09 最後に新規レイヤーをレイヤーの一番上に作成し、多角形選択
ツールで図のように選択範囲を作成します。
塗りつぶしツールで好きな色に塗りつぶし、選択範囲を解除して不透明度
を調整します。

テープの形に選択範囲を作成

グレーで塗りつぶす

不透明度を40％にした

155

STEP
10 背景以外のレイヤーを選択して角度をつけます。
さらに、背景にテクスチャ（テクスチャ.png）を配置したレイヤーを置き、
完成です。

背景となるテクスチャを配置して完成

VARIATION

サインペンで描いた文字やイラストを加える

新規のレイヤーを一番上に
作成し、ブラシツール（ハー
ド円ブラシ）を選択します。
［ブラシ設定］パネルで
［ウェットエッジ］にチェッ
クを入れて描画すると、サ
インペンで描いたような手
書き風の文字やイラストを
加えることもできます。

CHAPTER 5

インパクトのある
加工

写真を缶バッジ化する

写真を缶バッジに加工する方法です。ポスターやDMなどメインのビジュアルとしても、Webやチラシなどのポイントで使用することもできます。缶バッジの形を変えて、表現の幅を広げることができます。

制作・文 マルミヤン

使用アプリケーション

Photoshop CC 2021

制作ポイント

➡ 楕円形ツールで缶バッチの元の形を作成する

➡ レイヤースタイルで立体感つけ缶バッチの土台を作成する

➡ クリッピングマスクでイラストや写真を挿入する

" —————— 缶バッジの土台を作成する —————— "

STEP
01

ここ では、「幅：1200 px」×「高さ：800 px」で作成していきます。はじめに下地にするテクスチャの画像（テクスチャ.png）を背景レイヤーの上に置きます。

新規レイヤーを作成し、ツールパネルから楕円形ツールを選択して、shiftキーを押しながら正円を作成します。ここでの正円の色は何色でもかまいません。

テクスチャの上に正円を作成する

STEP 02 正円レイヤーを選択し、レイヤーパネル下部の［レイヤースタイルを追加］
ボタンから［ベベルとエンボス］を選択して下図のように設定します。
続けて［輪郭］を選択して図のように設定します。

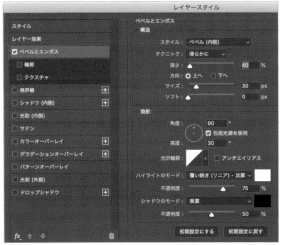
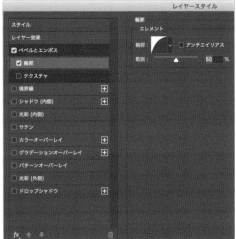

STEP 03 続いて、［グラデーションオーバーレイ］を選択して図のように設定します。
最後に［ドロップシャドウ］を選択して図のように設定し［OK］を押してレイヤースタイルの効果を確定します。
これで缶バッチの土台が完成しました。

［グラデーションオーバーレイ］の設定

［ドロップシャドウ］の設定

バッジの土台が完成

インパクトのある加工

缶バッチ内に画像を挿入する

STEP
04　挿入する画像を用意します。ここではイラストの画像を用意しました。
この画像を正円レイヤーの上に配置します。

用意したイラスト画像

イラストをバッジの土台の上に配置

STEP
05　レイヤーパネルメニューから［クリッピングマスクを作成］を選択し、イラストのレイヤーをマスクします。
イラストの大きさが土台に合っていないので、正円レイヤーの大きさに合わせてイラストのレイヤーを縮小し、位置を調整して完成です。

クリッピングマスク
を作成

クリッピングマスクを
作成

土台に合わせて大
きさや位置を調整

VARIATION

写真や文字を挿入する

写真画像を用意して同様の方法で挿入したり、文字のレイヤーを挿入することもできます。
また、バッジの土台の形を変えることで缶バッチのバリエーションを増やすこともできます。用途に合わせて使い分けるとよいでしょう。

写真を挿入した
缶バッジ

文字のレイヤーを配置

文字の入った缶バッジ

土台の形のバリエーション

サングラスの映り込みを作る

CHAPTER 5 / 02

サングラスに違う風景写真を写り込ませ、少しだけ不思議なビジュアルを作成します。レイヤーモードの変更や画像のパースを調整することで、よりリアルな雰囲気を目指します。

制作・文 永樂雅也

使用アプリケーション
Photoshop CC 2022

制作ポイント
➡ パースを合わせる
➡ レイヤー効果を活用する
➡ 輪郭をなじませる

インパクトのある加工

レンズに映り込み画像を配置する

STEP 01 元の画像を開きます。サングラスのレンズの形に沿って、自動選択ツールや投げなわツールを使用して選択範囲を作成します。
新規レイヤーを作成し、レイヤーパネル下部の［レイヤーマスクを追加］ボタンをクリックして、選択範囲をレイヤーマスクに保存します。

162

デザインの
ネタ帳

CHAPTER 1
CHAPTER 2
CHAPTER 3
CHAPTER 4
CHAPTER 5

STEP
02
映り込ませたい画像を用意し、サングラスの画像の上に配置します。

レンズに映り込ませたい部分を調整します。レイヤーパネルで描画モードを［乗算］などにして、移動ツールで位置を調整します。位置が確定したら、描画モードを［通常］に戻しておきます。

配置した画像を選択した状態で、STEP 01で保存したレイヤーマスクをcommand〔Ctrl〕キーを押しながらクリックして選択範囲を作成し、レイヤーパネル下部から［レイヤーマスクを追加］ボタンをクリックし、レンズの形でマスキングします。

映り込み画像を配置して位置を調整したら選択範囲を読み込む

選択範囲外をマスクする

" ━━━━━━━━━━━━━ 映り込み画像を調整する ━━━━━━━━━━━━━ "

> **STEP 03**　サングラスのレンズの角度に合わせて、映り込ませたい画像にパースを
> つけていきます。マスクの形はそのままに保つため、レイヤーパネルでレイ
> ヤーサムネールとレイヤーマスクサムネールの間にある鎖のリンクマークをクリック
> してリンクを解除します。次にレイヤーサムネールのほうをクリックして選択し、編集
> メニュー→"自由変形"を選択します。
> 画像のサイズや位置を調整し、command〔Ctrl〕キーを押しながら四隅や四辺
> の□（基準点）を操作することで、シアーをかけることができます。
> パースだけつけたい場合は編集メニュー→"遠近法ワープ"を使用するとより直感
> 的に操作できます。

映り込み画像の位置やサイズを調整し、
自由変形でパースをつける

> **STEP 04**　さらに、レンズになじませるために、レイヤーの描画モードを［比較（明）］
> に変更します。

描画モードを変えて
なじませる

インパクトのある加工

デザインの
ネタ帳

CHAPTER 1

CHAPTER 2

CHAPTER 3

CHAPTER 4

CHAPTER 5

STEP
05
映り込み画像を少し強調するために、レイヤーメニュー→"新規調整レイヤー"→"トーンカーブ"を選択し、[下のレイヤーを使用してクリッピングマスクを作成]にチェックを入れます。プロパティパネルで図のようにS字形に設定し、コントラストを強めます。

映り込み画像のコントラストを強めた

STEP
06
最後に、細かい部分を調整し、より違和感のないよう仕上げます。

映り込み画像のために作成したマスクのレイヤーマスクサムネールを選択し、フィルターメニュー→"ぼかし"→"ぼかし（ガウス）"で[半径:4 pixel]を適用し、ソリッドだった輪郭をぼかしなじませて完成です。

レンズとフレームの境界がなじんでいない

レンズとフレームの境界をぼかしてなじませた

人物に動きのブレを加えてスピード感を演出

ぼかし効果を利用して、動きを感じられるよう演出します。進行方向を意識することと、ボケに強弱をつけることで、より自然な印象に見えるよう調整していきます。

制作・文 永樂雅也

制作ポイント

➡ 移動角度を合わせる

➡ レイヤー効果でさらに強調する

➡ ディティールを調整し、ピントを人物に合わせる

使用アプリケーション
Photoshop CC 2022

インパクトのある加工

" ━━━━━━ 人物を複製して動きをつける ━━━━━━ "

STEP
01 元の画像を開き、選択範囲メニュー→"被写体を選択"を選択し、人物の選択範囲を作成します。command〔Ctrl〕＋Jキーで人物のみ複製します。

人物のみの選択
範囲を作成

STEP 02 元の画像を選択した状態で、フィルターメニュー→"スマートフィルター用に変換"を選択して、スマートオブジェクトに変換します。
続けて、フィルターメニュー→"ぼかし"→"ぼかし（移動）"を適用し、画像全体をぼかします。ここでは［距離：108 pixel］に設定しています。
このとき、人物が移動している角度（ここでは斜面の角度）とぼかし（移動）の方向が一致するように、［角度］を調整してください。ここでは「6°」に設定しています。

画像全体を角度をつけてぼかす

STEP 03 STEP 01で複製した人物のレイヤーをcommand［Ctrl］＋Jキーでさらに複製し、2枚重なった状態にします。
さらに、1番上の人物レイヤーを後方へ移動し、2番目の人物レイヤーを前方に移動して少し位置をずらします。
この2つのレイヤーもスマートオブジェクトに変換しておきます。

人物のレイヤーを複製して重ねる

1番上の人物レイヤーを後方へ、2番目の
人物レイヤーを前方へ少しずらす

STEP
04

1番上の人物レイヤーはブレの演出に使用したいため、選択した状態でフィルターメニュー→"ぼかし"→"ぼかし（移動）"を選択します。

このとき、STEP 02で背景にぼかし効果を適用したときよりも、移動距離を大きくしておきます。［距離：240 pixel］に設定しています。角度はSTEP 02と同様に［角度：6°］にします。

1番上の人物レイヤーを角度をつけて移動

" レイヤー効果でスピード感を出す "

STEP
05

さらにスピード感を演出するために、1番上のレイヤーを選択した状態で、レイヤーパネル下部の［レイヤースタイルを追加］ボタンから［グラデーションオーバーレイ］を選択します。

［グラデーション］をクリックすると「グラデーションエディター」ダイアログが表示されるので、グラデーションが複数のラインになるように、白色で不透明度をいくつかのポイントで切り分けます。

さらに、［ぼかし（移動）］効果の際と同様に、グラデーションの角度と画像の移動方向を一致させ、描画モードを［ソフトライト］に変更してなじませます。

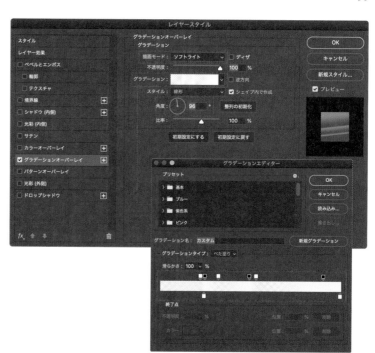

これで、白いライン状のエフェクトを追加することができました。

白いラインのエフェクトが加わる

STEP
06
1番上のぼかし効果を適用した人物レイヤーを選択し、レイヤーパネルの［レイヤーマスクを追加］ボタンをクリックしてレイヤーマスクを作成します。

レイヤーマスクサムネールを選択した状態で、黒のブラシツールを使用して、人物のピントを合わせたい場所（見せたい場所）を塗って完成です。

レイヤーマスクをブラシツールで描画
（option〔Alt〕＋shiftキーを押しながらレイヤーマスクサムネールをクリックしてマスクを色付きで表示）

人物のぼかし効果がマスクされて人物にピントが合っているように見える

デザインのネタ帳

CHAPTER 1

CHAPTER 2

CHAPTER 3

CHAPTER 4

CHAPTER 5

ゆがみとチャンネルを使ったグリッチ加工

映像の乱れのようなグリッチ加工を、白黒加工→ゆがみ→チャンネルの変更という簡単なステップで作ります。チャンネルの組み合わせによってグリッチの色を変えることも可能です。

写真素材（ぱくたそ）https://www.pakutaso.com/20170537129post-11391.html

制作・文　コネクリ

使用アプリケーション
Photoshop CC 2022

制作ポイント
➡ グラデーションマップを使ってモノクロに加工する
➡ 「ゆがみ」で元画像と差分を作成する
➡ チャンネルを変更してグリッチを表現する

> インパクトのある加工

" ━━━━━━━━ 画像を配置する ━━━━━━━━ "

STEP
01 こちらの写真を元に加工していきます。
カンバスサイズは「横：2160 px 」×
「縦：1440 px」です。

元画像は「ぱくたそ」よりダウンロードしてください
（https://www.pakutaso.com/20170537129post-11391.html）

デザインの
ネタ帳

CHAPTER 1

CHAPTER 2

CHAPTER 3

CHAPTER 4

CHAPTER 5

" ——— グラデーションマップでモノクロに加工して画像を結合する ——— "

STEP
02 レイヤーパネル下部の［塗りつぶしまたは調整レイヤーを新規作成］ボタンから［グラデーションマップ］を選択します。
プロパティパネルでグラデーションバーを選択して、「グラデーションエディター」ダイアログでカラー分岐点を図のように設定します。

グラデーションマップ適用後

分岐点の設定（カラー，不透明度，位置）:
①#1a1b1c, 100%, 0%
②#717f8e, 100%, 50%
③#e1e7ee, 100%, 100%

STEP
03 「photo」レイヤーと「グラデーションマップ」レイヤーを選択して、command〔Ctrl〕+Jキーで複製し、さらにcommand〔Ctrl〕+Eキーで画像を結合します。

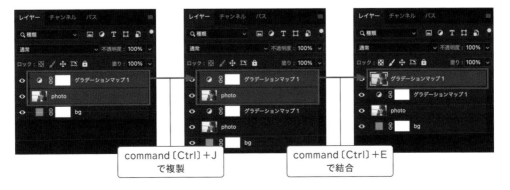

command〔Ctrl〕+J
で複製

command〔Ctrl〕+E
で結合

“ ゆがみフィルターで元画像と差分を作成する ”

STEP
04
結合したレイヤーを選択して、フィルターメニュー→“ ゆがみ ”を選択します。「 ゆがみ 」ダイアログが開くので、[前方ワープツール]で人物を外に広げていくイメージで作成します。作例では [ブラシサイズ：300] でのばしています。

前方ワープツール

ゆがみ調整後

> ◯　　　　　　　MEMO
>
> ブラシサイズが小さいとゆがみがきれいに表現できないので、サイズは気持ち大きめにします。元画像からの移動量が大き過ぎると加工が大味に見えるので、丁寧に細かく伸ばしていきます。

デザイン
ネタ帳®

CHAPTER 1
CHAPTER 2
CHAPTER 3
CHAPTER 4
CHAPTER 5

" ━━━━━━━━ チャンネルを変更してグリッチを表現する ━━━━━━━━ "

STEP
05 通常画面に戻り、ゆがみ
を適用したレイヤーのサム
ネール、名前以外の箇所をダブルク
リックして「レイヤースタイル」ダイ
アログを開きます（該当レイヤーを
右クリックして［レイヤー効果］を選
択しても可）。

ダブルクリック

STEP
06 「レイヤースタイル」ダイ
アログの［レイヤー効果］
で、［チャンネル］の［G］、［B］の
チェックボックスのチェックを外し、
［R］だけにします。
これでグリッチ効果の完成です。

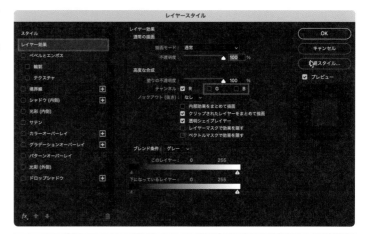

グリッチ効果の完成

双方向からの光で人物に力強い印象を与える

格闘系やeスポーツなどさまざまなシーンでよく見かける、左右双方向から別の色を与えるデュアルライティング加工で人物に力強い印象を与えます。

写真素材（ぱくたそ）https://www.pakutaso.com/20150232056web-1.html

制作・文　コネクリ

使用アプリケーション
Photoshop CC 2022

制作ポイント

➡ 「被写体を選択」と「選択とマスク」を使って人物を切り抜く

➡ グラデーションマップで着色する

➡ レイヤーマスクで光の当たり方を調整する

" —————— 画像を配置する —————— "

STEP 01

こちらの写真を元に加工していきます。カンバスサイズは「横：2160 px」×「縦：1440 px」です。

元画像は「ぱくたそ」よりダウンロードしてください
（https://www.pakutaso.com/20150232056web-1.html）

デザインの
ネタ帳

CHAPTER 1

CHAPTER 2

CHAPTER 3

CHAPTER 4

CHAPTER 5

" —————————— 全体を明るくして画像を結合する —————————— "

STEP 02 人物が背景に溶けているので切り抜きを行いやすくするためレベル補正で明るさを調整します。

［塗りつぶしまたは調整レイヤーを新規作成］ボタンから［レベル補正］を選択します。プロパティパネルで［中間調］の入力レベルを「1.5」にします。

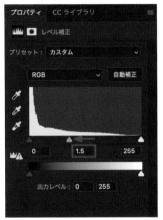

全体を明るくした

STEP 03 「photo」レイヤーと「レベル補正」レイヤーを選択して、command〔Ctrl〕+Jキーで複製し、さらにcommand〔Ctrl〕+Eキーで画像を結合します。結合したレイヤー名を「photo_02」とします。

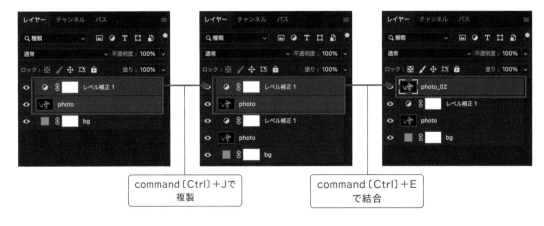

command〔Ctrl〕+Jで
複製

command〔Ctrl〕+E
で結合

“ ━━━━━━━━━━━ 人物を切り抜く ━━━━━━━━━━━ ”

STEP 04　「photo_02」レイヤーの人物を切り抜いていきます。
選択範囲メニュー→"被写体を選択"を選択します。選択範囲が作成されたら、続けて［選択範囲メニュー→"選択とマスク"］を選択します。
画面が切り替わるので、切り抜かれていない箇所を丁寧に切り抜いていきます。
［出力設定］で［不要なカラーの除去］にチェックを入れ、［出力先］を［新規レイヤー（レイヤーマスクあり）］にして［OK］を押します。

マスクされていない箇
所をブラシツールで
塗っていく

調整後

インパクトのある加工

STEP 05　通常画面に戻ると、マスクがかかった「photo_02」レイヤーが作成され
ています。切り抜き用に作成したレイヤーと「レベル補正」調整レイヤー
は非表示にします。

非表示にする

人物が切り抜かれる
（「photo_02」レイヤー
のみを表示した状態）

グラデーションマップで青い光を作成する

STEP 06　レイヤーパネル下部の［塗りつぶしまたは調整レイ
ヤーを新規作成］ボタンから［グラデーションマップ］
を選択します。
プロパティパネルでグラデーションバーを選択して、「グラデー
ションエディター」ダイアログでカラー分岐点を図のように設定
します。

グラデーションマップ適用後

分岐点の設定（カラー, 不透明度, 位置）:
①#000000, 100%, 0%
②#3b93ff, 100%, 50%
③#bfeeff, 100%, 100%

CHAPTER 1
CHAPTER 2
CHAPTER 3
CHAPTER 4
CHAPTER 5
デザインのネタ帳

STEP **07**
「グラデーションマップ」レイヤーを、マスクがかかった「photo_02」レイヤーでクリッピングします。

対象レイヤーとその下のレイヤーの間をoption〔Alt〕キーを押しながらクリックすると、クリッピングマスクが作成されます。

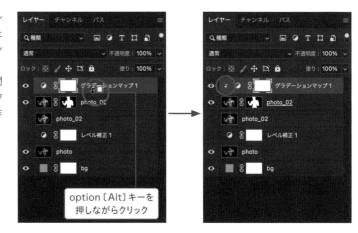

option〔Alt〕キーを
押しながらクリック

青い光にマスクをかける

STEP **08**
「グラデーションマップ」レイヤーのレイヤーマスクサムネールを選択します。ツールパネルで描画色を黒に設定し、ブラシツールを選択して［ソフト円ブラシ］で青い光にマスクをかけていきます。

向かって左から赤い光、右から青い光の光源があると想定して、人物の左側をマスクで消していきます。このマスクが後ほど赤い光になります

赤い光　　　　　　青い光

レイヤーマスクサム
ネールを選択

ソフト円ブラシを選択

描画色は黒にする

向かって左側の青い光をマスクした結果

STEP 09 マスクの境界がきついので緩やかにします。

マスクをかけた「グラデーションマップ」レイヤーのレイヤーマスクサムネールを選択し、プロパティパネルの［マスク］で［ぼかし：10.0 px］に設定します。

" ━━━━━━ グラデーションマップで赤い光を作成する ━━━━━━ "

STEP 10 「グラデーションマップ」レイヤーをレイヤーパネル下部の［新規レイヤーを作成］ボタンにドラッグして複製します。

複製したグラデーションマップのレイヤー

STEP 11 プロパティパネルでグラデーションバーを選択して、「グラデーションエディター」ダイアログでカラー分岐点を図のように設定します。

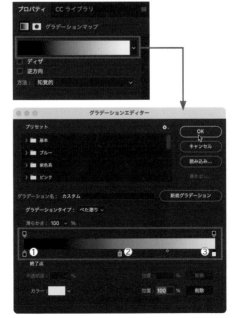

分岐点の設定（カラー, 不透明度, 位置）：
① #000000, 100%, 0%
② #ff3bc1, 100%, 50%
③ #ffd8eb, 100%, 100%

STEP 12　赤の「グラデーションマップ」レイヤーのレイヤーマスクサムネールを選択し、commad〔Ctrl〕＋Iキーを押し、マスクを反転させて完成です。

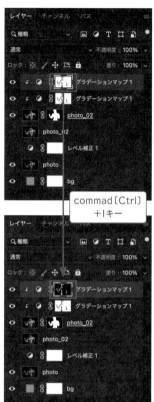

commad〔Ctrl〕＋Iキー

STEP11で作成した赤の光

レイヤーマスクを反転して完成

人物に適用した青い光、赤い光や文字を背景に追加すると、さらにインパクトのある画像になります。

背景に光やテキストを追加

CHAPTER 5

06

オブジェクトを金に加工する

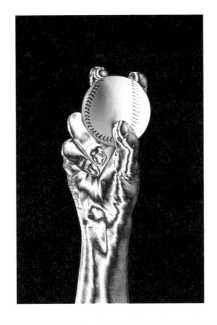

写真素材（ぱくたそ）https://www.pakutaso.com/20190110015post-19257.html

オブジェクトを金に加工します。調整レイヤーの色相・彩度と階調の反転、描画モードの差の絶対値を使ってメタリックな雰囲気にしたあと、グラデーションマップを使って金に着色します。

制作・文 コネクリ

制作ポイント

➡ 「被写体を選択」と「選択とマスク」を使って手の部分を切り抜く

➡ 差の絶対値と階調の反転で金属の質感を演出する

➡ グラデーションマップで着色する

使用アプリケーション

Photoshop CC 2022

" ━━━━━━━━ 画像を用意して手を切り抜く ━━━━━━━━ "

STEP
01

こちらの写真を元に加工していきます。

カンバスサイズは「横：1440 px」×「縦：2160 px」です。

元画像は「ぱくたそ」よりダウンロードしてください（https://www.pakutaso.com/20190110015post-19257.html）

CHAPTER 1

CHAPTER 2

CHAPTER 3

CHAPTER 4

CHAPTER 5

STEP
02　手を切り抜いていきます。
選択範囲メニュー→"被写体を選択"を選択します。選択範囲が作成されたら、続けて［選択範囲メニュー→"選択とマスク"］を選択します。
画面が切り替わるので、今回はボールを除いた手を切り抜いていきます。［出力設定］で［出力先：選択範囲］にして［OK］を押します。

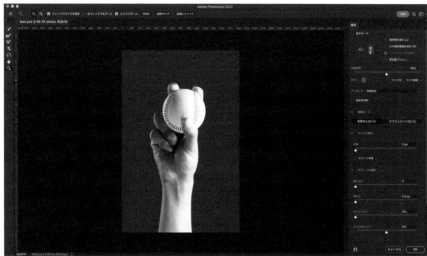

ボールも選択されてしまっているのでブラシで丁寧にマスクする

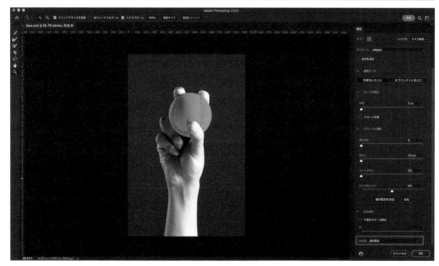

調整後

STEP 03 通常画面に戻ると選択範囲ができているので、command〔Ctrl〕+Jキーで複製し、選択範囲を複製します。切り抜いた手のレイヤー名は「h_01」とします。

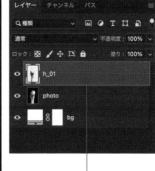

選択範囲のレイヤーが複製される

手が切り抜かれる

彩度を落とす

STEP 04 レイヤーパネル下部の［塗りつぶしまたは調整レイヤーを新規作成］ボタンから［色相・彩度］を選択します。プロパティパネルで［彩度：-100］に設定します。

STEP 05 「色相・彩度」レイヤーを「h_01」レイヤーでクリッピングします。
対象レイヤーとその下のレイヤーの間をoption〔Alt〕キーを押しながらクリックすると、クリッピングマスクが作成されます。

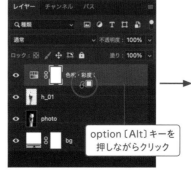

option〔Alt〕キーを押しながらクリック

❝ ─────── 差の絶対値、階調の反転で金属の質感を表現する ─────── ❞

STEP
06 「h_01」レイヤーと「色相・彩度」レイヤーを選択して、
command〔Ctrl〕＋Jキーで複製し、さらにcommand〔Ctrl〕
＋Eキーで画像を結合します。レイヤー名は「h_02」とします。

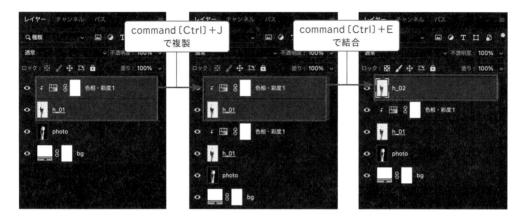

STEP
07 「h_02」レイヤーの描画モードを［差の絶対値］にします。

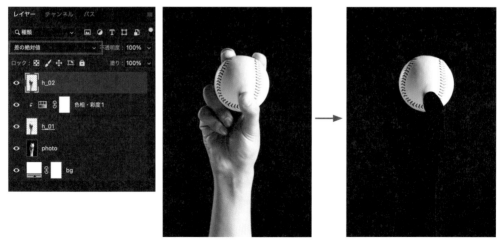

彩度を落としてクリッピングした状態
（STEP05）

描画モードを［差の絶対値］にする

STEP
08

レイヤーパネル下部の［塗りつぶしまたは調整レイヤーを新規作成］ボタンから［階調の反転］を選択します。

続けて、「階調の反転」レイヤーを「h_02」レイヤーでクリッピングします。

対象レイヤーとその下のレイヤーの間をoption〔Alt〕キーを押しながらクリックすると、クリッピングマスクが作成されます。

階調の反転を適用

STEP
09

レイヤーの複製、結合、差の絶対値、階調の反転を何度か繰り返していきます。

まず、レイヤーパネルの「bg」、「photo」レイヤー以外を選択して、command〔Ctrl〕＋Jキーで複製し、さらにcommand〔Ctrl〕＋Eキーで画像を結合します。

レイヤー名は「h_03」とし、描画モードは［差の絶対値］とします。［階調の反転］レイヤーを追加し、［h_03］レイヤーでクリッピングします。

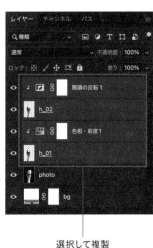

選択して複製

レイヤーを結合

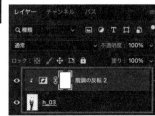

調整レイヤーを追加してクリッピングマスクを作成

効果を繰り返して重ねた結果

STEP
10
さらにもう一度繰り返します。
レイヤーパネルの「bg」、「photo」レイヤー以外を選択し
て、command〔Ctrl〕＋Jキーで複製し、さらにcommand〔Ctrl〕
＋Eキーで画像を結合します。
レイヤー名は「h_04」とし、描画モードは［差の絶対値］とします。
［階調の反転］レイヤーを追加し、［h_04］レイヤーでクリッピングし
ます。

MEMO

この工程は元の写真によっては効
果が強く出過ぎるので飛ばしても
構いません。変化の具合を見て適
宜行います。

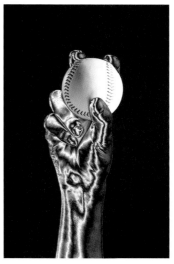

2回繰り返して重ねた結果

" ━━━ グラデーションマップで着色する ━━━ "

STEP
11
レイヤーパネルの「bg」、
「photo」レイヤー以外を
選択し、command〔Ctrl〕＋Gキー
でグループ化します。グループ名は
「set」とします。

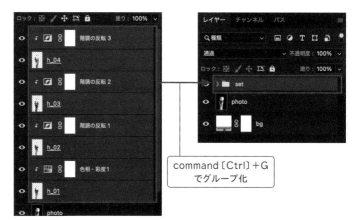

command〔Ctrl〕＋G
でグループ化

STEP
12 「set」レイヤーグループを
選択した状態で、レイヤーパ
ネル下部の［塗りつぶしまたは調整レ
イヤーを新規作成］ボタンから［グラ
デーションマップ］を選択します。
プロパティパネルでグラデーションバー
を選択して、「グラデーションエディ
ター」ダイアログでカラー分岐点を図
のように設定します。

分岐点の設定（カラー, 不透明度, 位置）:
①#621005, 100%, 0%
②#b53c0c, 100%, 20%
③#ffd200, 100%, 60%
④#ffffff, 100%, 85%

STEP
13 「グラデーションマップ」
レイヤーを「set」グルー
プでクリッピングして完成です。

STEP 12のグラデーションの分
岐点を以下のように設定すると、
銀色に着色することができます。

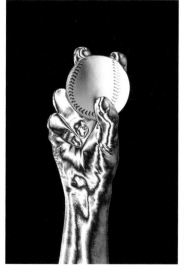
グラデーションマップで金色に着色

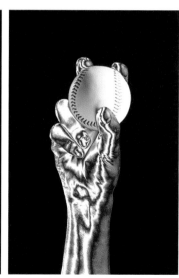
グラデーションマップで銀色に着色

銀色に着色する場合のグラデーションの設定

分岐点の設定（カラー, 不透明度, 位置）:
①#182339, 100%, 0%
②#4b5976, 100%, 20%
③#adb7cc, 100%, 60%
④#ffffff, 100%, 85%

CHAPTER 1
CHAPTER 2
CHAPTER 3
CHAPTER 4
CHAPTER 5

1枚の写真から無限にパターンを作る

CCライブラリを活用して1枚の写真からパターンを無限に作成する方法を紹介します。[画像を抽出]パネル上での設定で簡単にパターンが作成できるので、ここでは3つのパターンを作成していきます。

写真素材（ぱくたそ）https://www.pakutaso.com/20150816222post-5868.html

制作・文 コネクリ

制作ポイント

➡ CCライブラリを活用する

➡ 「画像を抽出」ダイアログでパターンを作成する

➡ 作成したパターンをドキュメントに配置する

使用アプリケーション
Photoshop CC 2022

インパクトのある加工

❝ ━━━━ 画像を用意してCCライブラリを開く ━━━━ ❞

STEP
01
こちらの写真を元に加工していきます。
カンバスサイズは「横：1440 px」×「縦：2160 px」です。

元画像は「ぱくたそ」よりダウンロードしてください
（https://www.pakutaso.com/20150816222post-5868.html）

STEP
02
ウィンドウメニュー→"CCライブラリ"を選択し、「CCライブラリ」パネル
を開きます。

「CCライブラリ」パネル下部の［＋］ボタンを押すと表示される項目から［新規ラ
イブラリを作成］を選択します。新規ライブラリ名を「pattern」とし、［作成］ボタ
ンを押します。

「pattern」ライブラリを作成後、「CCライブラリ」パネル下部の［＋］ボタンを押
すと表示される項目から［画像から抽出］を選択します。

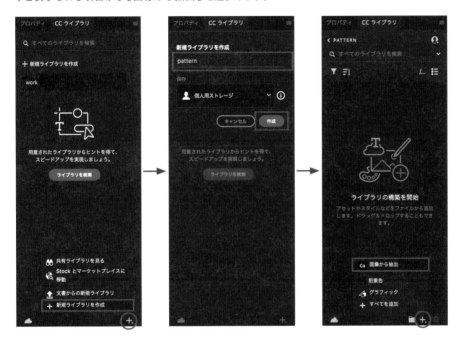

❝ ━━━━━━━━━━━ パターンを作成する ━━━━━━━━━━━ ❞

STEP
03
「画像から抽出」ダイアログでパターン
を作成していきます。

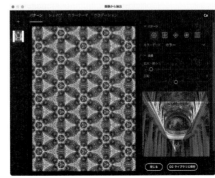

STEP
04 「画像から抽出」ダイアログの設定を以
下のように変更します。

● 1つ目
　パターン：　　　カラーモード：カラー
　拡大・縮小：5　回転：0

設定が済んだら［ CCライブラリに保存 ］を押し
て1つ目のパターンを登録します。

画像を動かして切り取る位置を変更したり、パ
ターンの形状を変更したりして、さらに2つのパ
ターンを作成します。

● 2つ目
　パターン：　　　カラーモード：カラー
　拡大・縮小：5　回転：0

● 3つ目
　パターン：　　　カラーモード：カラー
　拡大・縮小：5　回転：0

MEMO

設定を変えてこの手順を繰り返す
と無限にパターンが作成できます。
［拡大・縮小］や［回転］の値を変
えると、全く異なったパターンが簡
単に作成できるので、ぜひいろいろ
試してください。

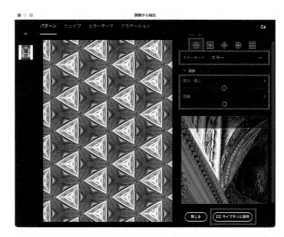

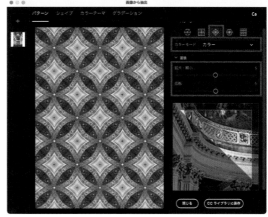

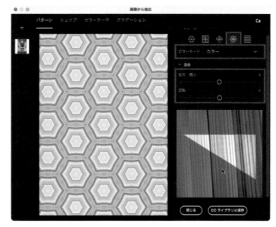

パターンの塗りつぶしレイヤーを作成する

STEP 03　通常画面に戻ると、「CCライブラリ」パネルに3つのパターンが登録され
ています。

「CCライブラリ」パネル上のパターンを選択すると、「パターンで塗りつぶし」ダイア
ログが表示されるので、[角度：0°]、[比率：10％] に設定します。[OK] をクリッ
クすると、パターンの塗りつぶしレイヤーが作成されます。

残り2つのパターンも同様に塗りつぶしレイヤーを作成して完成です。

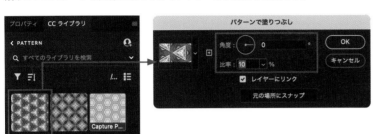

3つのパターンで塗りつぶし
レイヤーを作成

MEMO

CCライブラリで作成したパターン
をパターンパネルに登録する場合
は、レイヤーパネルのパターンレイ
ヤーのサムネールをダブルクリック
します。「パターンで塗りつぶし」ダ
イアログが表示されるので、[+]
を選択します。

パターンパネルにパターンが追加さ
れます。

ダブルクリック

08

作成したパターンを活用して壁紙に加工する

前節で作成したパターンを活用して壁紙にしていきます。配置したパターンを描画モード、不透明度、レイヤースタイルのブレンド条件を使ってなじませます。

写真素材（ぱくたそ）https://www.pakutaso.com/20190906269post-23382.html

制作・文　コネクリ

使用アプリケーション
Photoshop CC 2022

制作ポイント

➡「被写体を選択」と「選択とマスク」を使ってオブジェクトを切り抜く

➡ パターンを配置する

➡ パターンを壁になじませる

インパクトのある加工

" ━━━━━━ 画像を用意してオブジェクトを切り抜く ━━━━━━ "

STEP
01
こちらの写真を元に加工していきます。
カンバスサイズは「横：2160 px」×「縦：1440 px」です。

元画像は「ぱくたそ」よりダウンロードしてください
（https://www.pakutaso.com/20190906269post-23382.html）

デザインの
ネタ帳

CHAPTER 1

CHAPTER 2

CHAPTER 3

CHAPTER 4

CHAPTER 5

STEP
02 オブジェクトを切り抜いていきます。
選択範囲メニュー→ "被写体を選択" を選択します。選択範囲が作成さ
れたら、続けて選択範囲メニュー→ "選択とマスク" を選択します。
画面が切り替わるので、椅子の脚の部分の切り抜かれていない箇所を拡大表示
しながら、丁寧に切り抜いていきます。[出力設定] で [出力先：選択範囲] にして
[OK] を押します。

椅子の脚にマスクされ
ていない箇所がある

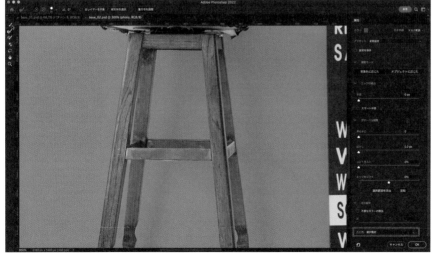

調整後

STEP
03
通常画面に戻ると選択範囲ができているので、command〔Ctrl〕＋Jキーで複製し、選択範囲を複製します。
切り抜いたオブジェクトのレイヤー名は、「photo_clipping」にしています。

オブジェクトの選択範囲

"　━━━━━━━━━━━ 壁紙用のマスクを作成してとパターンを配置する ━━━━━━━━━━━ "

STEP
04
壁紙用のマスクを作成します。
長方形選択ツールを選択し、壁部分を選択範囲で囲みます。

STEP
05
次に「photo」レイヤーと「photo_clipping」レイヤーの間に、新規グループを追加します。
レイヤーパネル下部の［新規グループを作成］ボタンをクリックし、続けて［レイヤーマスクを追加］ボタンをクリックし、STEP 04で作成した壁の選択範囲でマスクを作成します。
グループ名は「wall」とします。

新規グループを作成

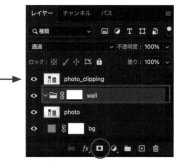

グループに壁紙用のマスクを作成

STEP 06 パターンを配置します。「CCライブラリ」パネルのパターンを選択します。「パターンで塗りつぶし」ダイアログで、[角度：0°]、[比率：10％]に設定します。

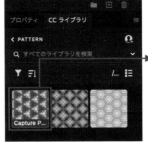

壁がパターンで
塗りつぶされる

STEP 07 パターンをなじませます。「パターン」レイヤーを「wall」グループ内に移動します。「wall」グループの描画モードを[乗算]、[不透明度：80％]にします。

描画モードと不
透明度で調整

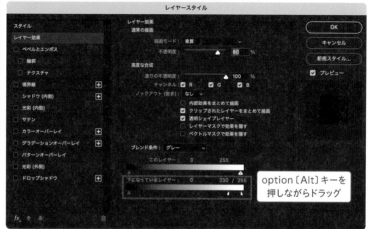

STEP 07 ブレンド条件を使ってさらにパターンをなじませます。
「 wall 」グループのサムネール、グループ名以外の箇所をダブルクリック
して、「レイヤースタイル」ダイアログを表示します。［下になっているレイヤー］の白
色点スライダーをoption〔Alt〕キーを押しながらドラッグして分割します。白色点
スライダーを［230／255］にします。

ダブルクリック

option〔Alt〕キーを
押しながらドラッグ

ブレンド条件の調整により、壁
にあたる光が表現されて自然
な感じに仕上がります。

完成画像

インパクトのある加工

残りの2つのパターンでも、パターンのレイヤーを作成してみましょう。
「wall」グループ内に配置すれば、レイヤースタイルのブレンド条件が適用されます。

VARIATION

3つのパターンを組み合わせて配置する

作成した3つのパターンレイヤーの下に、それぞれ長方
形ツールで「720px × 1440px」（横に3等分するサイ
ズ）の長方形を配置します。パターンレイヤーを長方形レ
イヤーでクリッピングすると、3種類の壁紙を組み合わせ
て配置することができます。

↑各パターンの下
に長方形を描画し
たレイヤーを配置
（上図は各パター
ンを非表示にした
状態）

3つのパターンを組み合わせて配置

3つのパターンそ
れぞれを下に配
置した長方形レイ
ヤーでクリッピング
する

著者紹介

永樂雅也／eiraku masaya（えいらく・まさや）

デイリーフレッシュ（株）を経て、2010年独立、2016年（株）AMSY.設立。アートディレクター、グラフィックデザイナーとして紙、Web、映像など媒体を問わず、さまざまなビジュアルの企画・デザインを行っている。

- Twitter　　@amsyyy
- Instagram　@amsy.inc
- Web　　　www.amsy.jp
- E-mail　　info@amsy.jp

コネクリ

ウェブデザイナーとしてスタートして、スマートフォンの台頭によりUI/UX・ゲームデザインを担当。現在はインハウス寄りのディレクター兼リードデザイナー。自社・受託ともにウェブ・アプリ・グラフィック・ゲームの実績多数。SNSや個人サイト（CONNECRE）にて、Photoshop・Illustratorの表現を重視した作例を発信中！

- Twitter　@connecre_
- Blog　　https://connecre.com/

Photoshop Book（フォトショップ・ブック）

ブログ「Photoshop Book」でPhotoshopとレタッチ情報を発信しています。美術大学時代に絵画を専攻。独学でPhotoshopを学び、現在は東京都で活動している広告レタッチャーです。企業広告などの静止画・動画制作をしています。Adobe Japan Prerelease Adviser。

- Twitter　@photoshop_book
- Web　　https://photoshopbook.com/

内藤孝彦（ないとう・たかひこ）

デザイナー、ライター。DTPだけでなくCTPオペレーションも行う。著書に『やさしいレッスンで学ぶ　きちんと身につくIllustratorの教本』『やさしいレイアウトの教科書［改訂版］』（ともにエムディエヌコーポレーション・共著）など多数。

マルミヤン

「マルミヤン」（Marumiyan）名義で、福岡を拠点に活動を開始。著書に『Photoshopレタッチ 仕事の教科書3ステップでプロの思考を理解する』、『やさしいレッスンで学ぶ　きちんと身につくPhotoshopの教本』、『プロ並みに飾る文字デザインIllustrator+Photoshop デザインのネタ帳』（ともにエムディエヌコーポレーション・共著）など。

● Web　https://marumiyan.com
　　　　https://marumiyan.com/fdw/

画：扇谷一穂

遊佐一弥／Yury and Design（ゆさ・かずや／ユーリアンドデザイン）

写真事務所、美術展プロデュース事務所などを経て独立、グラフィックデザインやWeb制作を中心に活動。2006年有限会社ユーリアンドデザイン設立。2010年アートギャラリー芝生 GALLERY SHIBAFUをオープン。展示に合わせて書籍やグッズ制作も行う。2016年より文化学園大学デザイン造形学科非常勤講師。

● Web　https://yuryandd.com

デザインのネタ帳
プロ並みに使える
写真加工 **Photoshop**

2022年9月1日　初版第1刷発行

[著者]　　永樂雅也、コネクリ、Photoshop Book、内藤孝彦、マルミヤン、遊佐一弥
[発行人]　山口康夫
[発行]　　株式会社エムディエヌコーポレーション
　　　　　〒101-0051　東京都千代田区神田神保町一丁目105番地
　　　　　https://books.MdN.co.jp/

[発売]　　株式会社インプレス
　　　　　〒101-0051　東京都千代田区神田神保町一丁目105番地
[印刷・製本]　広済堂ネクスト

Printed in Japan
©2022 Masaya Eiraku, CONNECRE, Photoshop Book, Takahiko Naito, Marumiyan,
Kazuya Yusa. All rights reserved.

【カスタマーセンター】
造本には万全を期しておりますが、万一、落丁・乱丁などがございましたら、
送料小社負担にてお取り替えいたします。
お手数ですが、カスタマーセンターまでご返送ください。

落丁・乱丁本などのご返送先
〒101-0051　東京都千代田区神田神保町一丁目105番地
株式会社エムディエヌコーポレーション カスタマーセンター
TEL：03-4334-2915

書店・販売店のご注文受付
株式会社インプレス　受注センター
TEL：048-449-8040／FAX：048-449-8041

内容に関するお問い合わせ先
株式会社エムディエヌコーポレーション カスタマーセンター メール窓口
info@MdN.co.jp

本書の内容に関するご質問は、Eメールのみの受付となります。メールの件名は「デザインのネタ帳　プロ並みに使
える写真加工　質問係」、本文にはお使いのマシン環境（OS、バージョン、搭載メモリなど）をお書き添えください。
電話やFAX、郵便でのご質問にはお答えできません。ご質問の内容によりましては、しばらくお時間をいただく場合が
ございます。また、本書の範囲を超えるご質問に関しましてはお答えいたしかねますので、あらかじめご了承ください。

制作スタッフ

装丁・本文デザイン
赤松由香里（MdN Design）

編集・DTP
江藤玲子

編集長
後藤憲司

編集
後藤孝太郎

ISBN978-4-295-20335-3　C3055